— 46 亿岁的地球 —

漫长的前寒武纪

冯伟民 著

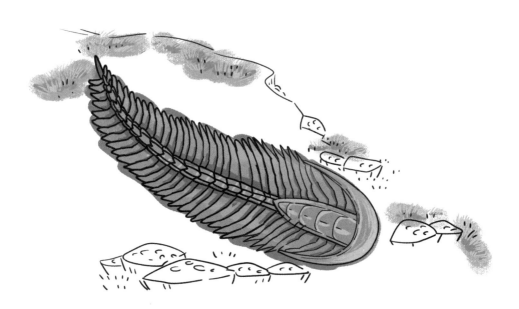

时代出版传媒股份有限公司
安徽少年儿童出版社

图书在版编目（CIP）数据

46亿岁的地球·漫长的前寒武纪 / 冯伟民著. —合肥：安徽少年儿童出版社，2023.1
ISBN 978-7-5707-1576-3

Ⅰ.①4… Ⅱ.①冯… Ⅲ.①地球科学 – 少儿读物
Ⅳ.①P-49

中国版本图书馆CIP数据核字（2022）第155665号

46 YI SUI DE DIQIU MANCHANG DE QIAN HANWUJI
46亿岁的地球·漫长的前寒武纪　　　　　　　　　　　　　冯伟民 / 著

出版人：张　堃　　　　策　划：方　军　　　　责任编辑：方　军
插图绘制：汤二嬷　　　责任校对：徐庆华　　　责任印制：朱一之
出版发行：安徽少年儿童出版社　E-mail：ahse1984@163.com
　　　　　新浪官方微博：http://weibo.com/ahsecbs
　　　　　（安徽省合肥市翡翠路1118号出版传媒广场　　邮政编码：230071）
　　　　　出版部电话：（0551）63533536（办公室）　　63533533（传真）
　　　　　（如发现印装质量问题，影响阅读，请与本社出版部联系调换）
印　　制：安徽新华印刷股份有限公司
开　　本：710 mm × 1000 mm　　1/16　　印张：8　　字数：80千字
版　　次：2023年1月第1版　　　　　　　　　2023年1月第1次印刷
ISBN 978-7-5707-1576-3　　　　　　　　　　　　　　定价：30.00元

目录

1 地球形成

5 有氧环境下的巨变

1 地球形成

46亿年前，地球伴随着太阳系的演化而诞生。从那以后，地球一直是太阳系中最为耀眼的星球。它处于距离太阳不近也不远的轨道上，是太阳系中唯一具有蓝色海洋的宜居星球。

<<<<<

古人对天地的认识

>>>>>

　　很长一段时间，东西方的古人都将地球看成宇宙的中心。

　　中国古人曾提出盖天说，认为天圆如张盖，地方如棋局（棋盘）。此外，天文学家张衡提出了浑天说，认为日月星辰都附着在地球上。白天，太阳升到我们面对的这边来，星星落到地球的背面去；到了夜晚，太阳落到地球背面去，星星升上来。

　　西方人最初用创世说解释天地万物的形成。后来，希腊晚期的数学家、天文学家托勒密提出了地心说，该假说认为地球静止不动，位于宇宙的中心，所有天体包括太阳在内，都围绕地球运转。

　　1543年，波兰天文学家哥白尼提出日心说，他认为地球是球形的、运动的，而太阳是不动的，处于宇宙中心，地球以及其他行星一起围

◀◀◀◀

张　衡

　　东汉时期杰出的天文学家、数学家、地理学家、文学家。张衡发明了浑天仪、地动仪，为中国天文学、机械技术、地震学的发展做出了杰出的贡献。张衡在天文学方面有《灵宪》《浑仪图注》等著作，是东汉中期浑天说的代表人物之一。

▶▶▶▶

绕太阳运动，只有月亮是环绕地球运行。日心说的提出使人们对天体演化的认识有了突破，打破了宗教神学的桎梏，实现了天文学的根本变革，让人们开始真正对地球和太阳系起源问题进行科学探究。

<<<<<

地球的诞生

>>>>>

地球是随着太阳系的形成而诞生的。整个太阳系是由同一原始星云形成的。这个星云的主要成分是气体和少量固体尘埃。原始星云一开始就在自转，但随着体积缩小，自转速度不断加快，离心力不断增大，逐渐在赤道面附近形成一个星云盘。星云盘的中间部分演化为太阳，边缘部分则演化为星云，并不断聚集和碰撞形成许多小行星或星子，最后经过演化，形成行星，而原始地球就在其中诞生了。

太阳形成后，不断地向周围发射大量能量，熔点高的石质物不断聚集在太阳的周围。这些石质物越聚越多，越来越大，最终形成了水星、金星、地球和火星。而离太阳远的地方，那里获得的能量比较少，一些熔点低的冰质物和气体就聚集在一起，它们也是越聚越多，越来越大，从而分别形成了木星、土星、海王星和天王星。这样，太阳系八大行星就全部形成了。

▶ 从火球到水球

原始地球的面貌与现在的大不相同，其最初的模样很难为当今人类所想象。现在的地球生机勃勃、充满活力。但你可知道，地球曾经历过炼狱般的磨难，最典型的就是早期地球的"灼热时代"。

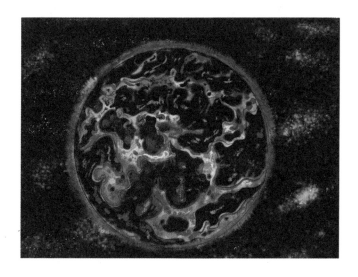

火球状的地球

那时的太阳系并没有形成如今这般相对稳定的八大行星。有的行星曾出现变轨，引发了太阳系内部星体物质的混乱，导致地球每天都会和几十颗甚至上百颗微行星发生碰撞。每次

小词典

微行星

微行星被认为是存在于原行星盘和残骸盘内的固态物体，它可以用来阐述行星的形成，说明行星是由微小的尘埃颗粒经过不断碰撞和融合形成的越来越大的个体。

地球早期的岩浆海

碰撞后，地球都会和微行星融为一体。正因为这样的不断碰撞和融合，地球才越变越大，逐渐成长起来。

星体间的撞击产生的巨大能量瞬间就将地球表面熔化，导致整个地球的表面成了岩浆的海洋，到处是漩涡，岩浆四溅，一派恐怖的景象。这使得诞生不久的原始地球被烧得遍体鳞伤。岩浆在地表漫延，当时地表的温度高达1200摄氏度，岩浆烧掉了所有物质。

当铺天盖地的小行星、陨石撞击地球告一段落后，地球内部积蓄的巨大热量还在通过火山不断喷发，同时释放大量气体，在地球上空形成巨厚的云层。云层中积蓄的水分子，在后来地球不断冷却的过程中，终于从天而降，千年雨水汇集在地球表面，形成覆盖全球的汪洋大海。地球成了一个名副其实的水球。

小行星、陨石撞击地球

▶ 从同质球体到圈层球体

地球是遭受过多次大规模的小行星和陨石等撞击后不断成长起来的球体。地球诞生之初还是一个由各种物质混杂在一起的同质球体。随着大撞击结束，巨厚云层出现，地球内部的温度开始不断降低，在重力作用下，物质成分发生显著改变。最重的铁、镍金属元素聚集于地心，而较

轻的物质则分布在较浅层。于是，地球像洋葱一样，变成了由好多层组成的星球。

地球的中心是地核，这是地球的心脏。地核的出现给地球带来了巨大的变化。地核的热量引起地壳运动，使地表逐渐变成现在这个样子。地核又产生了磁场，从而使得地球变成一个生命可以繁衍生息的星球。后来地球上演的精彩纷呈的生命史诗，都起源于地核的诞生。

如果我们将地球切开观察剖面，可以直观地看到地球内部的圈层结构，从外到内依次为地壳、地幔和地核。

地壳与地幔以莫霍面为界。莫霍面是克罗地亚地震学家莫霍洛维奇于 1909 年发现的，故以他的名字命名，称为莫霍洛维奇不连续面，简称莫霍面或莫氏面。莫霍面附近的地震波纵波速度会从 7.0 km/s 突然增加到 8.1 km/s，横波速度会从 4.2 km/s 增加到 4.4 km/s。地幔与地核则以古登堡面为界，美国地球物理学家古登堡是最早（1914 年）研究这一界面的科学家，因此后人为纪念他，将此界面称为古登堡面。古登堡面附近地震波纵波和横波的速度突然降低，横波最终会消失。

小词典

地震波

地震发生时，部分能量以弹性振动波的形式在地球中传播，称为地震波。地震波按传播方式可分为体波和面波。其中体波包括纵波和横波。

地壳厚度分布不均，大陆地壳平均厚度约 33 千米，明显大于海洋地壳的厚度。高大山系地区的地壳是最厚的，欧洲阿尔卑斯山的地壳厚度达 65 千米，亚洲青藏高原的某些地方超过 70 千米。大洋地壳很薄，如大西洋南部地壳厚度为 12 千米，北冰洋地壳厚度为 10 千米，有些地方大洋地壳的厚度只有 5 千米左右。

地幔介于地壳与地核之间，又称中间层，自地壳以下至 2900 千米深处。地幔一般分上地幔和下地幔，分界线在地下约 1000 千米处。地幔承担着地球内外两层的能量传递和交换。

地幔以下至大约 5100 千米处地震波横波不能通过的是地核的外核，科学家推测外核物质是"液态"。外核不仅温度很高，而且压力很大，因此这种"液态"应当是高温高压下特殊的物质状态。地下 5100~6371 千米是地核的内核，在这里，纵波可以转换为横波，物质状态为固态。整个地核以铁镍物质为主并含少量轻元素。

时至今日，人类对地球内部的了解还相当有限。人类可以通过超深钻探来研究地球，这是一个非常重要的获取地球内部信息的手段。2008 年之前，人类取得的最深的钻孔记录是地下 12263 米，该钻孔位于俄罗斯科拉半岛。后来这个钻孔井深记录分别被位于卡塔尔的阿肖辛油井（12289 米）和俄罗斯库页岛的另一口油井（12345 米）打破，

上地幔
地核外核
地壳
下地幔
地核内核

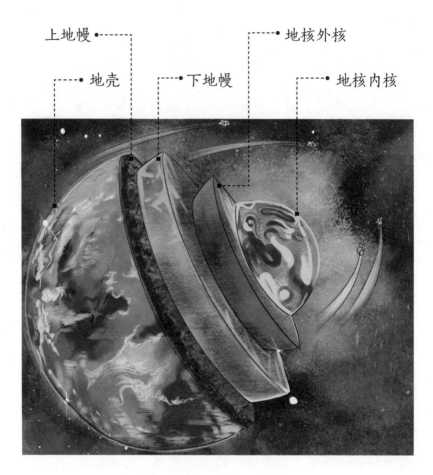

地球圈层结构示意图

目前排名世界第三，但若以垂直深度计算，这个钻孔仍是目前到达地球最深处的人造物。

我国从 21 世纪初开始启动大陆超深钻探工程。2001年 8 月，"九五"国家重大科学工程项目——中国大陆科学钻探工程在江苏省东海县毛北村开始钻探。2005 年 3 月，钻探工程全面结束，井深达 5158 米。

2014 年 4 月 13 日，松辽盆地大陆深部科学钻探工程即松科二井在黑龙江省安达市开始钻探。2018 年 5 月 26 日结束钻探，超额完成预定目标，井深达 7018 米。这是亚洲最深的大陆科学钻井，也是国际大陆科学钻探计划成立 22 年来钻得最深的钻井。通过这口钻井，人们获得了一系列重要的地球内部信息。

科学课堂 大陆超深钻探工程

1957 年，美国地质学家哈雷·海斯提出一个科学设想：打一口深井，直接到达莫霍面，钻取一些岩芯样品。1960 年，美国国家科学基金会批准资助"莫霍钻"计划。1961 年，美国在墨西哥岸外的瓜达卢佩岛附近水深 3600 米处，首次成功钻井，在 170 米厚的沉积层下，取得了 14 米长的玄武岩样品，迈出了人类向莫霍面进军的第一步。1970 年，苏联在科拉半岛邻近挪威国界的地区启动了科拉超深钻。这口世界上最大的地上凿孔从 1970 年开始挖掘，直到 1989 年才结束。

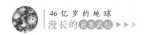

<<<<<

地月系统

>>>>>

在地球形成过程中，月球也同步诞生了。40多亿年来，地球与月球就像一对孪生兄弟。月球是地球的卫星，每日绕地球转一圈。

关于月球的形成，有许多假说。如"分裂说"认为地球早期自转速度非常快，月球是地球凸起部分抛出去的产物；"俘获说"认为地球诞生时，地球强大的引力将一颗从地球旁边掠过的小行星俘获，从而形成月球；还有"同源说"认为是那些在地球附近高速旋转的尘埃和星际物质，在自身引力的作用下聚合起来形成月球。

但是，现在越来越多的人认可"大碰撞"假说。

▶ **"大碰撞"假说**

20世纪80年代，美国亚利桑那大学的威廉·哈特曼等人提出"大碰撞"假说，认为46亿年前，原始地球通过不停地和周围的微行星以及原行星碰撞，吸收碎片，持续变大。在这

原行星

原行星是由千米尺度的微行星因彼此的引力相互吸引与碰撞而形成的。根据太阳星云形成理论，原行星在轨道轻微扰动和因此导致的巨大撞击与碰撞中逐渐成为真正的行星。

①一颗名为忒伊亚的星子与原始地球相撞。

②两个天体之间强烈碰撞。

③碰撞产生的碎片慢慢融合冷凝成一个绕地球旋转的天体。

④月球诞生。

"大碰撞"假说示意图

个过程中，原始地球和一个火星大小、名为忒伊亚（古希腊神话中月神的母亲）的星子发生了剧烈碰撞。这颗星子斜着撞向原始地球，碰撞产生的大量碎片围绕着地球，重新融合冷凝，一段时间后形成一个新的天体——月球。

▶ 地月系统的诞生

最初，月球离地球非常近，仅 27000 千米。所以那时在地球上看月球，月球犹如一个巨大的星体高悬于天空，其大小约是现在月球的 400 倍。

1969 年，航天员在月球表面放了一台 45 厘米长的反射器，从而获得了月球正在远离地球的确凿证据。通过这台反射器反射激光，科学家可以精确计算出月球与地球之间的距离。结果显示，月球正以每年 3.8 厘米的速度远离地球。如今两者已经相距 384403.9 千米。

在月球形成早期，地球每 6 个小时就会自转一圈，其自转速度是现在的 4 倍，而当时月球绕地球公转一圈则需要 20 天时间。早期月球和地球之间的距离非常近，因此月球对地球的引力十分强大，它使地球表面产生了一个凸出的部分。这个凸出部分像浪一样在地球表面移动。后来，地球上出现了海洋，月球的引力又引发地球潮涨潮落。月球引发的潮汐作用，使海水开始流动。海水流动便和海底产生摩擦，这相当于给地球的自转踩了刹车，减缓了地球自转的速度。历经40多亿年持续不断的相互作用，地球变成现在每24个小时自转一圈。

月球的出现打破了地球原有的平衡，稳定了地球旋转轴线的倾角，使地球有了约23.5度的倾角。现在的火星由于缺乏像月球那样的卫星，其旋转倾角的变化非常大。正是有了这个倾角，地球才会出现四季变化，从而适宜生命生长。另外，月球引发的潮涨潮落，使潮水坑的干湿旋回反复发生，这对地球生命的出现起到了非常重要的作用。

<<<<<

地表三大圈层

>>>>>

地球表面有三大圈层支撑着生物的生存与演化。这三大圈层分别是岩石圈、大气圈和水圈。

岩石圈是生命的根基，使生物的繁衍有了立足之地。大气圈是生命的保护层，能提供源源不断的氧气，滋润着万物生长。水圈是生命的摇篮，是地球生物取之不尽用之不竭的能量来源。三大圈层彼此关联，为生命的诞生和演化保驾护航。

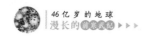
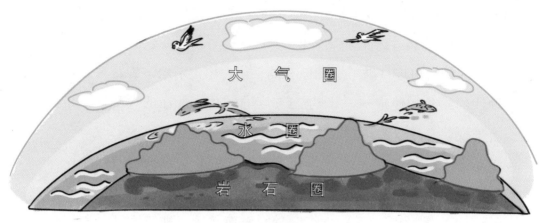

地表三大圈层

▶ 岩石圈

早期的地球火山活动极其剧烈，岩浆四溢，地表覆盖了大量的岩浆。这些岩浆冷却后形成了地球最原始的玄武质地壳。岩石圈就是熔融物质冷凝形成的原始地球的外壳，它包括地壳和上地幔顶部。岩石圈刚形成时并不厚，各处的厚度变化也很小。它不是一整块外壳层，而是分裂的、持续不断地相对运动的若干板块。这些板块位于地幔上部的软流层之上。软流层易于蠕动变形，会缓慢移动，在它之上的板块也会跟着缓慢移动，从而形成板块运动。

现在的岩石圈厚度不均一，大洋中洋中脊

洋中脊

洋中脊是绵延全球各大洋底的巨大山脉，是地球上最为显著的地貌现象。

最新的部分只有6~8千米厚，最老的部分则有100千米厚；大陆岩石圈厚一些，厚度大都在100~400千米。地球上最初诞生的"大陆"比较小。所谓"大陆"指的是在地表坚硬的岩块上形成的陆地，而不是指"大的陆地"。最初的大陆在42亿年前形成之后，还是各自分离，如小岛般星星点点分布在地球表面。

▶ 大气圈

早期的地球不断遭受大规模的小行星和彗星等星际物质的撞击。当地表与这些星际物质发生液化时，岩石里的一些成分会以气体的形式喷射出来。

早期原始大气的成分比较单一，主要是氢气和氦气。那时整个大气层是不稳定的，氢气属于易逃离的气体，常常一不留神就飞出地球。影响大气稳定的外部因素则是太阳风，它是太阳向宇宙空间释放出的高速带电粒子流，时速在150万~300万千米。在掠过地球时，它会将氢气和氦气统统掠走，这会给早期原始大气带来毁灭性的打击。

后来，随着星际物质不断撞击，地球积累了越来越多的能量，通过火山喷发又释放了更多的气体。于是，地球又形成了二氧化碳、甲烷、氮气、硫化氢、氨气等一些分子量比较重的气体。这些气体不断增多，逐渐占

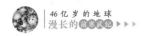

据了整片天空，经过亿万年的积累，最终形成了原始大气。

地球引力不断增强，地磁场形成的屏障消除了太阳风的威胁；宇宙快速膨胀，行星间的引力在逐渐减小；火山喷发源源不断地释放出气体。这些因素都使得环绕于地球上空的大气得以留存下来，成为地球生命的保护层。

通过对现代火山进行研究，科学家发现在火山气体中，90%是水蒸气和二氧化碳等物质，这与微行星撞击原始地球时产生的气体非常相似。因此科学家推测，当时的大气中基本没有氧气，大部分是氢气、水蒸气和二氧化碳。

海洋的出现极大地改变了地球的大气成分，大气中的水蒸气变成了液态水。原始海洋诞生之初，大气的主要成分是氢气和二氧化碳。虽然此时地表的温度比覆盖岩浆时要低很多，但仍然非常高，这是因为大气中的二氧化碳起了温室效应作用。不过，二氧化碳是水溶性气体。它和酸性的海水发生化学反应后就溶到了海水里。于是，原本大气中含量高的二氧化碳就这样减少了，大气成分发生了显著变化。显然，海洋的形成使地球避免了极端的温暖化，

小词典

温室效应

温室效应指大气保温效应，即大气中二氧化碳、甲烷等气体含量增加，使地表和大气下层温度增高。

大气成分也开始朝着以氮气为主的方向发展。

▶ 水圈

地球表面是从什么时候开始被海洋覆盖的呢？这要追溯到原始地球时代。在原始地球表面还被灼热的岩浆覆盖的时候，大气层已经在孕育着大规模的降雨。

地球是在不断碰撞中形成的，最后一次剧烈碰撞后，地球表面被岩浆覆盖，地球上的水则以水蒸气的形式存在于大气中。与此同时，地球内部的地核正在形成，以水蒸气和二氧化碳为主要成分的大气也在空中聚集，形成巨厚的云层。

当地表温度开始下降，空中云层的温度也跟着下降，云层里面聚集的雨滴便开始降落。然而此时地表的温度依然高达几百摄氏度,降落的雨滴还没到达地面就被蒸发了。之后，随着地表温度的持续下降，雨滴得以在被蒸发之前到达地面。虽然地表的温度仍然很高，但只要雨水积蓄在地上，地表就会迅速冷却下来。与此同时，大气的温度也迅速降低，带来了更多的降雨。就这样，整个地球都在下雨，地表开始被水覆盖。据科学家推测，地球上的第一场雨持续下了 1000 年之久，这段时期被称为"大降雨时代"。然后，海洋诞生了！地球变成水之行星，而且是人类目前知道的唯一一颗有液态水的星球。

目前，地质学上的证据显示：早在38亿年前，地球上就存在海洋了。

在太阳系里，有一条宜居带。位于宜居带内的行星，水能够以液态形式存在于行星表面。地球正好诞生在太阳系的宜居带内，离太阳不太近也不太远。因此水能以液态形式存在。而在稳定液态水方面，地球的大气发挥了作用。因为大气中的二氧化碳等成分起到了温室效应的作用。如果没有大气的温室效应，地表温度会降到冰点以下，水就会结冰。因此大气中二氧化碳浓度显得非常关键，而火山活动、陆地以及海洋的存在都起着调节二氧化碳浓度的作用。正是这一个又一个因素的叠加，液态水才能够一直存在于地球表面，我们的星球也因此被称作"奇迹星球"。

科学课堂 海水为何是咸的？

海水尝起来之所以是咸的，是因为它溶解了大量的氯元素和钠元素，这是食盐的组成成分。这些元素是以何种形式进入海水里的呢？海洋诞生之初，雨水温度很高，含有氯、硫等元素，具有强酸性。这些雨水和地表的岩石接触后，将岩石中的钠等元素溶解出来，最终流向海洋，使海水变得很咸。

科学课堂 海洋里的水到哪里去了?

地球早期形成的水圈覆盖整个地球,然而今天的海洋面积仅占地球表面积的71%,那么减少的海水到哪里去了呢?

科学家研究发现,早期地球的地幔物质温度异常高,随着地球经历了几十亿年的演化,地球内部长期在降温,尽管速度非常缓慢,但温度变化还是很明显的。随着温度的降低,地幔中矿物的储水能力不断提升。在这几十亿年的时间里,从地幔的岩浆中结晶出来的矿物也越来越多,这更加提升了地幔的储水能力。研究结果显示,今天地幔能够存储水的总质量至少已经达到地表海洋中水的总质量的 1.86~4.41 倍。

<<<<<

地球磁场

>>>>>

地球磁场是指地球周围空间分布的磁场。它的磁南极大致指向地理北极附近,磁北极大致指向地理南极附近。其磁场强度在两极是最强的,在赤道附近是最弱的。

科学家通过研究发现,地球磁场形成于 34.5 亿年前,

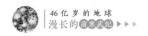
恰好与地球上最初的生命出现的时间相符。地球磁场的形成有效地避免了地球上最初的生命形态遭受太阳辐射的破坏。科学家认为，如果那时候没有地球磁场的庇护，致命的太阳辐射很快就会撕开大气层，蒸干海洋，把地球上的生命扼杀在摇篮中。30 多亿年来，磁场为地球上的生物挡住了来自太阳的高速带电粒子流，并把粒子流引导到南北两极，形成梦幻一般的极光现象。

地球磁场使生命免受紫外线、宇宙射线、太阳风暴照射的同时，也保护了地球的大气层。在金星、火星等没有磁场的行星上，太阳风会直接冲击大气上层部分，导致空

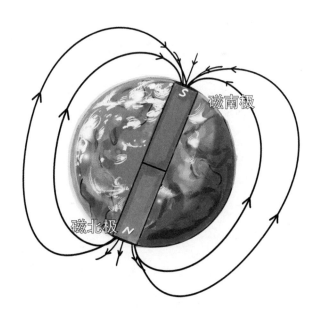

地球磁场

气被剥离。因此，磁场是地球存在生命必不可少的因素。

　　从化石可以推断出远古时期的生态环境，同样，地球磁场也有"化石"——磁性矿物！科学家可据此了解地球历史上的磁场变化。熔岩冷却凝固时，其中的磁性矿物受到地球磁场的影响而带有磁力，因此只要研究地质历史时期熔岩的磁力，就能够得知它们冷却时地球磁场的强度和方向。

小 词 典
熔 岩

　　熔岩是已经熔化的岩石，以高温液体形式呈现，常见于火山口或地壳裂缝处，一般温度为700~1200摄氏度。

2 生命出现

　　地球上生命的诞生是一件破天荒的大事件，这不仅让地球从此充满生机，而且是推动地球演化的重要力量。

<<<<<

生命起源假说

>>>>>

地球上的生命是如何诞生的？这个问题长期以来困扰着人类。迄今为止，人类对生命的认知有了前所未有的进步。我们不仅将探索生命的触角延伸至太空，还在深邃的大洋深处发现了极端环境下的生命现象。但是，在地球生命诞生之谜的探究上，人类依然任重道远。

目前，关于生命起源的科学假说有影响力的有两种：宇宙胚种说和化学进化说。

▶ 宇宙胚种说

地球诞生时，太空中的彗星、小行星等星际物质都已有大量的有机分子。实际上，生命所需的有机元素可追溯到宇宙大爆炸时期。例如：人体需要的氢元素就是在宇宙大爆炸中最先产生的，即在爆炸的作用下首先产生的是质子（也就是氢的原子核），经过漫长时间的冷却，质子与电子结合在一起，产生了氢原子。在类似地球的星球上，由于压力比较高，氢原子之间又结合形成了氢分子，以分子的形式存在。

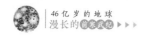

其他如氘（dāo）、氦（hài）、锂等元素也是这样形成的，这就是元素产生的过程。从简单化合物到复杂化合物，在生命诞生之前经历了极为漫长的元素演化和化学演化阶段。

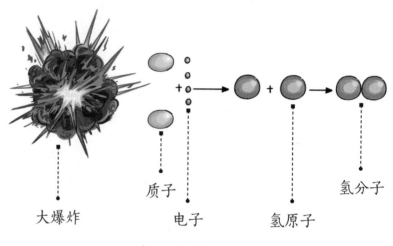

大爆炸　　　质子　　　电子　　　氢原子　　　氢分子

氢分子形成示意图

脱氧核糖核酸

脱氧核糖核酸即 DNA，携带有遗传信息，是生物体发育和正常运作必不可少的生物大分子。

20 世纪 60 年代以来，科学家在陨石中陆续发现了氨基酸和碱基这样的脱氧核糖核酸（DNA）组件，为地球上的生命起源于太空的观点提供了依据。在已发现的大量陨石中，有一块陨石受到了科学家的特别关注，那就是默奇森陨石。它是一块于 1969 年 9 月 28 日在澳大利亚维多利亚州默奇森附近发现的陨石，其质量超过 100 千克。

目前，科学家已经在默奇森陨石上发现了

超过 100 种氨基酸。氨基酸是生命起源的重要参与者，且后来的研究证明，这些氨基酸不是来自地球，而是原本就存在于陨石中的。

此外，美国航空航天局戈达德空间飞行中心的研究人员也对在地球上采集到的 12 份富含碳的陨石样品进行了分析，发现其中有两种结构与碱基类似的化合物。陨石坠落地土壤样品中不存在这两种化合物，而且这两种化合物也不是由生化反应合成的。这些证据表明陨石上的化合物来自太空。

后来，科学家在默奇森陨石和另一块富含碳的陨石中发现了核糖、木糖等生物必需的糖分。除碱基外，核糖最终也在陨石中被发现。科学家不仅在陨石中检测出了糖类，还确定检测出的糖类并非来自地球。这项研究成果为生命起源于太空提供了进一步的依据——由陨石带到地球上的碱基与核糖促成了地球上最初的核糖核酸（RNA）形成并影响了生命起源的进程。

有研究认为，地球上最初的生命形成时，大量撞击地球的天体中存在的化合物便留在了地球上，这些物质富集起来构成了地球生命出现的物质基础。

小词典

核糖核酸

核糖核酸即 RNA，是存在于生物细胞以及部分病毒中的遗传信息载体。

科学课堂 雷击"劈"出来的生命

2021年,美国耶鲁大学和英国利兹大学的科学家发表了一项最新研究,表明地球上生命的出现可能与数十亿年前的雷击有关。他们在一项调查中发现,美国有一户人家的后院被闪电击中,形成了一个大且无瑕疵的闪电熔岩样品。通过研究发现,闪电熔岩中含有相当数量的陨磷铁矿。磷是地球生命形成所需的关键元素,是构成 DNA 和 RNA 的元素之一。

长期以来,科学家一直在探索地球早期生命形成所必需的物质——酶、糖、蛋白质和 DNA 是如何被制造出来的。而制造这些物质,碳、氮、氢、氧和磷等元素都是必需的。有一种假说认为,在地球早期的某个时候,陨石与地球相撞可能提供了磷元素。这些陨石携带大量的磷,保存形式为陨磷铁矿——一种地球上罕见的矿物,通常发现于铁镍陨石中。然而,科学家认为,撞击地球表面的陨石数量仍然太少,无法提供足够的磷。

因此,耶鲁大学的科学家提出了另一种可能性:在数十亿年的时间里,大量的雷击造成大量的闪电熔岩的产生,这其中就含有宝贵的陨磷铁矿。数十亿年前疯狂的闪电雷击可能有助于制造地球生命诞生所需的磷。他们利用计算机模型估算后对比古代与现在的雷击次数,结果显示,地球现在每年约有 560 次雷击,而在早期地球的那几年里,每年会经历 10 亿~50 亿次雷击,其中有 1 亿~10 亿次雷击会着地。这就会产生大量生物可利用的磷。因此,雷击可能是地球上生命出现的重要因素。

▶ 化学进化说

1952 年，美国芝加哥大学有一位名叫斯坦利·米勒的研究生，在诺贝尔奖得主哈罗德·尤里的指导下学习。有一次，他说服尤里做一个化学实验，观察一种混合气体暴露在电火花下会发生什么。他们的想法是，像闪电这样的放电可能会在生命出现之前的早期大气中激发化学反应。

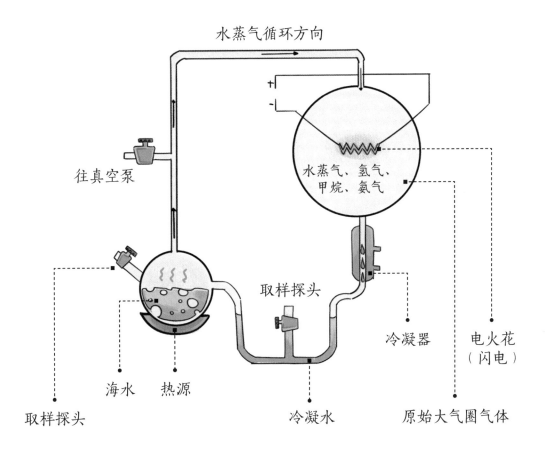

米勒实验示意图

他们假设混合气体是由氢气、甲烷、氨气和水蒸气组成，这模拟的是早期地球的原始大气成分，随后他们将其置于一个玻璃球中。经过几天的放电作用，几种气体的混合物变成了红褐色，很明显这是发生了什么。当米勒分析完反应后的物质时，结果令他很惊讶，几种氨基酸被合成了！

1953 年，米勒发表了相关论文，立刻引起轰动，人们普遍认为这标志着生命起源科学研究的开始。后来米勒在加州大学圣迭戈分校化学系度过了他的大部分职业生涯。他和他的学生发表了大量与生命起源相关的研究成果。

米勒实验的重要发现表明，即使在地球表面的自然环境中，由于受到像闪电一样的能量激发，无机小分子也会合成有机小分子。米勒实验为化学进化说提供了有力的实验证据。

经过科学家的不懈努力，我国在 20 世纪 60 年代率先实验合成了牛胰岛素的蛋白质大分子，使人类在破解生命奥秘的过程中又向前迈出了重要一步。

科学课堂 人工合成牛胰岛素

1958年，中国科学院上海生物化学研究所提出人工合成胰岛素。同年年底，该项目被列入1959年国家科研计划，获得国家机密研究计划代号"601"，意为"六十年代第一大任务"。该项目由中国科学院上海生物化学研究所、中国科学院上海有机化学研究所和北京大学生物系三方联合攻关。1965年9月17日，经过一系列检测，最终证明，中国团队在世界上第一次人工合成了与天然牛胰岛素分子化学结构相同并具有完整生物活性的蛋白质，且生物活性达到天然牛胰岛素的80%。这标志着人类在揭示生命本质的征途上实现了里程碑式的飞跃，此突破被誉为我国前沿研究的典范。

<<<<<

深海黑烟囱

>>>>>

20世纪生物学最重大的发现莫过于第二生物圈。第二生物圈是以地下热液为能量，通过化学自养，在海底热液周围形成的特殊生物群。

小词典

化学自养

化学自养指不依赖光、通过内源化学反应获得能量、利用二氧化碳满足全部或主要碳需求的微生物营养类型。

深海热液生物群的发现，颠覆了人们对地球生物的认知，引发了对生命起源新的思考。

▶ 达尔文的"暖水池"

1871 年，英国生物学家、进化论的奠基人达尔文给一位好友写信，在信中他说："生命可能起源于一个小的暖水池里，这个暖水池里面有各种氨、磷酸盐、光、热和电，有了这些，就可以形成蛋白质。"

那么，这样的暖水池要到哪里去寻找呢？科学家在地球表面火山活跃或地热活动的热泉区和深海热液中发现了大量嗜热的有机分子，推测这些地方可能是早期地球生命诞生的地方。

▶ 20 世纪海洋生物学的最大发现

1977 年，美国地质学家杰克·科利斯驾驶"阿尔文"号潜水器在加拉帕戈斯群岛附近潜水时，发现了被称为"黑烟囱"的热液喷口。黑烟囱的热源是地下的岩浆场，所以喷口的水温非常高，超过 300 摄氏度。因富含铅、锌、铜、铁和硫化物的热水与海水发生化学反应而变黑，因此也被称为"黑色吸烟者"。

达尔文

英国生物学家，进化论的奠基人。他曾经乘坐"贝格尔"号舰环球航行 5 年，对各地的动植物和地质结构等进行了大量的观察，出版有《物种起源》《人类的由来》等一系列名著，提出生物进化论学说。他的理论对生物学、人类学、心理学、哲学的发展都产生了广泛而深远的影响。恩格斯将"进化论"列为 19 世纪自然科学的三大发现之一（另外两个是细胞学说和能量守恒转化定律）。

深海黑烟囱

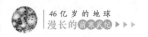

在深海中，由于水压很高，所以水的沸点也很高，因此会有300摄氏度以上的热水喷出而不是被蒸发掉。从这里喷出的热水中含有丰富的物质，其中就有合成氨基酸的原料甲烷、氨等，这些为生命的出现提供了适宜的条件。

有趣的是，杰克·科利斯发现热液喷口的地方，达尔文也曾经去过，而且比杰克·科利斯早了140多年。当时的加拉帕戈斯群岛是达尔文重点考察的地区。在那里，达尔文获得了大量关于生物演化的材料。

如今，科学家已经在全世界大洋洋底发现了超过600个热液点。令科学家比较意外的是，在黑烟囱的峭壁上和其周围生活着难以计数的微生物以及蠕虫、盲虾、蛤类等大型生物。其中微生物以硫细菌最为丰富，它们从灼热的喷口喷涌而出后，犹如仙女散花，四处流窜，是海底热液喷口附近大型生物的食物来源。

科学家经过大量研究发现，深海热液喷口附近的微生物的生存环境与地球早期的环境十分相似——温度非常高，压力也很大，氧气稀少。20世纪80年代末，科学家由此提出生命有可能起源于黑烟囱热液环境的假说，认为最初生物有机质的合成和生命的出现有可能就发生在热液喷口附近。

<<<<<

生命形成的过程

>>>>>

地球早期大气中充满了氮气、氨气、甲烷、一氧化碳和二氧化碳。在高温、强紫外线或放电条件下，大气中的一氧化碳、二氧化碳、甲烷、水和地球内部溢出的碳化物等成为原料，形成了地球上最初的有机物——氨基酸、核苷酸、单糖以及含磷、硫的有机化合物等多种较简单的有机分子。随后这些简单的有机分子再聚合成生物大分子（多肽、多聚核苷酸等），这些生物大分子有可能聚积在火山口附近的热水池中。

聚积在火山口附近热水池中的生物大分子会自我选择，通过分子的自我组织进行自我复制和变异，从而形成核酸（遗传物质）和活性蛋白质，再加上分隔结构（如类脂膜）的同步产生，最后在基因（多核苷酸）控制下的代谢反应，为基因的复制和蛋白质的合成等提供能量。这样，一个由生物膜包裹着的、能自我复制的原始细胞就产生了。

由于深海黑烟囱周围的环境与地球早期的环境非常类

似，存在有利于生命合成过程中所需的各种因素。因此，深海黑烟囱有可能就是生命诞生的地方。

科学课堂　生命有可能诞生于火山岛上的淡水池

近年来，科学家意识到，海洋容量巨大，生命诞生所需的有机化合物溶液在其中会变得很稀，以至于它们之间难以发生反应。因此，有科学家提出，生命可能诞生于火山岛上的温泉淡水池，因为当水从火山温泉的淡水池中蒸发时，即使是稀溶液也会变得极其浓缩，而且还会经历多次干湿旋回，这对生命形成极为关键。

3 大陆增长

早期地球在经历了一场千年大雨后，整个地表几乎全被海洋所覆盖，只有星星点点的陆地出露于海洋之上。随着地球板块运动加剧，大陆也在聚合碰撞中不断增长。

<<<<<

板块运动与大陆增长

>>>>>

在地球早期，海洋几乎覆盖了地球表面，只有零散的火山、岛屿露出海面。后来随着地球板块运动，大陆不断增长，地球才慢慢形成现在的海陆分布格局。

▶ 天体大撞击诱发板块运动

板块运动并非伴随地球形成而出现，其实直到地球诞生十几亿年后，才有了板块运动。近年来通过研究，科学家发现地球板块运动很可能是由地外天体大撞击引起的。科学家对澳大利亚和南非等地的地质状况进行研究，发现地球在约32亿年前经历了强烈的撞击事件。这与最早板块运动的岩石记录相当吻合。澳大利亚麦格理大学行星研究中心的科学家为此开发了一套撞击作用影响下全球板块构造的数值模拟系统，用以研究地外撞击对地幔热效应的影响，结果表明，直径300千米的天体撞击地球将使地幔产生显著的热效应，从而驱动板块运动。

▶ 上地幔软流层带动板块移动

如果将地球表面的海水全部抽干，你会发现长 6 万多千米的海底山脉分布于全球各大洋。这些山脉的中央是裂谷，称为大洋中脊裂谷。大洋中脊裂谷会喷出大量的岩浆形成新的海洋板块，这些板块的运动与上地幔软流层的驱动密切相关。随着上地幔软流层的流动，这些板块像上了传送带似的来到海沟，再沿着海沟下沉到地幔。

▶ 板块碰撞中的大陆增长

地球早期有大规模的火山喷发，这在地表形成了大量的玄武质岩浆，岩浆冷却后构成了地球上最初的玄武质地壳。而形成于海底的玄武岩产生了一种新的花岗质岩浆，它们凝固后就成了大陆。但在海洋诞生之初，地球表面的陆块仅仅是露出海面的由天体碰撞形成的环形山口和海底火山活动形成的火山岛等。在后来的板块运动中，板块经过不断碰撞和融合，才一点点变大起来。

在地球板块运动中，曾数次发生所有大陆板块聚合在

一起形成超级大陆的现象，这其中至少有两次发生在前寒武纪。

造山带

造山带指经受了剧烈地壳运动而使沉积岩层强烈变形并上升成为构造山系的线状构造带。

▶哥伦比亚超级大陆

约 19 亿年前，地球历史上第一个超级大陆——哥伦比亚超级大陆出现了。哥伦比亚超级大陆中的大陆接合处存在着造山带，这是可

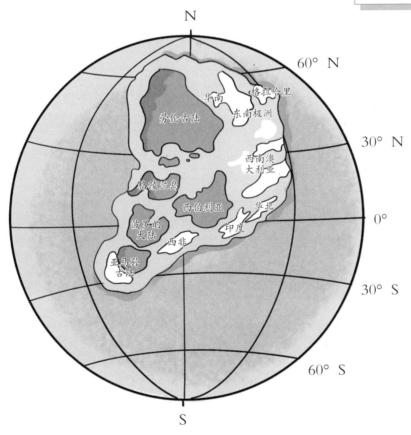

哥伦比亚超级大陆

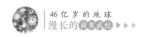
以与喜马拉雅山脉相匹敌的巨大山脉。美国地质学家保罗·霍夫曼通过对比北美大陆、格陵兰岛和北欧的造山带，从其排布及周边的岩石特征等入手，复原了哥伦比亚超级大陆。结果显示，当时的美洲与北欧是统一的大陆。哥伦比亚超级大陆诞生后不久，就因为剧烈的火山喷发而分裂。

▶ 罗迪尼亚超级大陆

约 10 亿年前，又一个超级大陆出现了，那就是罗迪尼亚超级大陆。20 世纪 70 年代，科学家提出，新元古代早期，地球上也存在着一个超级大陆，这就是罗迪尼亚超级大陆。罗迪尼亚超级大陆可能以赤道以南为中心，其中心一般认为是北美克拉通（劳伦古陆）。

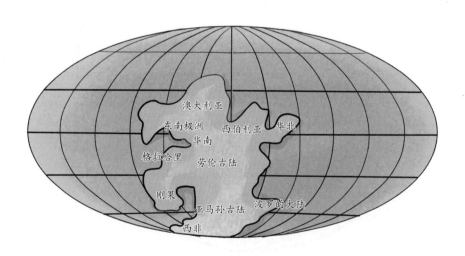

罗迪尼亚超级大陆

罗迪尼亚超级大陆在分离过程中，多次发生全球性的冰期，平均 1 千米厚的冰层甚至将赤道都覆盖了。

<<<<<

板块运动的深远影响

>>>>>

32 亿年前，地球上的大陆板块诞生了。板块诞生之初，大气中充满了二氧化碳，板块运动使得大陆岩石中的钙溶解后流入海洋，在海洋中与二氧化碳、海水发生化学反应，形成石灰岩堆积在海底。这样，大气中的二氧化碳逐渐减少，大气压开始接近现在的标准。大陆板块对于稳定地球环境起着不可或缺的作用。

板块运动还造就了大陆的增长、浅海栖息地的扩大、山川河流湖泊等自然风貌的形成。斗转星移，在板块不断聚合与分离的过程中，地球一直处于永无止境的变化中。

板块运动为生物提供了各种各样的栖息场所，为生物迁徙、扩散和多样性发展奠定了基础，为生物的新生与灭绝、生物类群的更新与替换提供了强大动力。

4 氧气姗姗而来

现在，人们每天呼吸着新鲜的氧气，精神饱满地投入学习、工作和生活。那你知道地球上的氧气是从什么时候开始出现的吗？科学家又是如何识别和认识氧气的呢？

<<<<<

最早的生命现象

>>>>>

地球上刚出现生命时,大气中还没有氧气。所以,那时候的生命都是还原环境下的原核生物。原核生物是由原核细胞组成的生物,它们非常微小,一般小于 5 微米。蓝藻、古细菌、放线菌等都是原核生物。

化石是地质历史上生物死后留下的遗体、遗迹。因此,化石可以见证最古老的生命现象。2017 年,英国伦敦大学的科研团队在《自然》

小词典

原核细胞

原核细胞的主要特征是没有以核膜为界的细胞核,也没有核仁,只有拟核,拟核内含遗传物质。原核细胞较小,没有染色体,DNA 裸露在细胞内,不与蛋白质结合。由原核细胞构成的原核生物均为单细胞生物,所有细菌都属于原核生物。

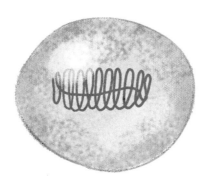

古细菌

杂志上发表文章，介绍了他们发现的 37.7 亿~42.9 亿年前形成的化石。而形成这些化石的微生物，与目前存活在深海热液喷口附近的以铁为食物的微生物极为相似。这一发现打破了科学家以往的相关认知。

之前，科学家在澳大利亚西部发现了距今约 35 亿年的形似丝状蓝藻的微体化石。它们与现代蓝藻在形态上很相似，很可能是一类主要以太阳光为能源的自养生物。通过进一步研究，科学家发现在该地质历史时期已经有蓝藻、还原硫细菌等构成原始生物圈。

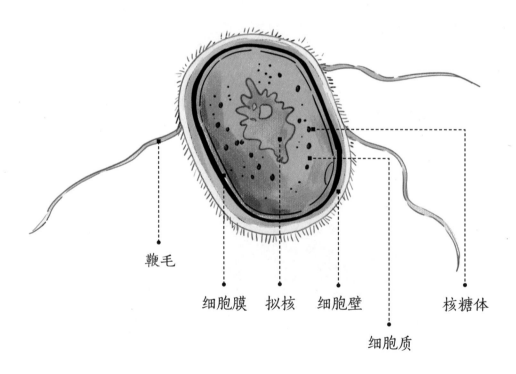

鞭毛　　细胞膜　拟核　细胞壁　　核糖体

细胞质

原核细胞

后来，科学家在南非又发现了 200 多个古细胞化石，距今约 34 亿年。它们与原核藻细胞相似，平均大小只有 2.5 微米。此外，科学家在南非还发现了一种古杆状细菌和蓝藻化石，距今约 32 亿年。它们具有最原始、最简单的细胞结构——有一层细胞膜，核物质在膜内相对集中，未形成细胞核。在我国，科学家也发现了较多的细菌和藻类化石，通过研究发现，它们都属于非常原始的原核生物。

<<<<<

释放氧气的功臣

>>>>>

1779 年，荷兰科学家英格豪斯通过反复实验，发现只有被太阳晒到的水草才会冒出气泡，由此证明：植物制造新鲜空气，阳光是必需的条件。那么，在生命演化史上，光合作用是怎么出现的呢？

当地球上生命刚出现的时候，大气中还没有氧气，那时候的海洋生命几乎都是以海底热泉喷出的甲烷、硫化氢为原料合成营养物质。但由于海底热泉可能会枯竭，因此生命如果仅仅依赖海底热泉，想要大范围繁衍是很困难的。此时，蓝藻的前身——一种能够进行原始光合作用的细菌出现了。这种细菌利用光能合成养分，比其他生命能更稳

定地获取能量。

然而，这种细菌利用光能的方式与蓝藻及当今植物所进行的光合作用不同，它们不具有分解水和排出氧气的功能，只是用硫化氢、铁和硫黄等代替水，通过分解这些物质来获取营养。

▶ 蓝藻的"特异功能"

蓝藻又称为蓝细菌，它与细菌的区别是细胞膜内有叶绿素，所以蓝藻可以通过细胞膜内的叶绿素进行光合作用。当时的地球上，阳光、水和二氧化碳等光合作用所需的原

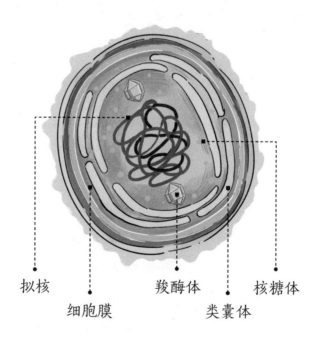

拟核　细胞膜　羧酶体　类囊体　核糖体

蓝藻细胞

料可谓取之不尽。蓝藻通过接受光能，利用水和二氧化碳制造有机物，在这个过程中氧气作为废弃物被排出。因此，蓝藻就像一个制造能量的"化工厂"，是地球上最早能够利用地外能量的自养生物。而细菌没有叶绿素，只能靠其他有机物或无机物来养活自己。这也构成了地球早期生命世界两大生态系统——自养的蓝藻和异养的细菌。

蓝藻对地球大气中氧气的出现起了巨大作用。随着蓝藻的大量繁殖和绿色植物的出现，光合作用不断增强，地球大气中的氧气含量不断增高。

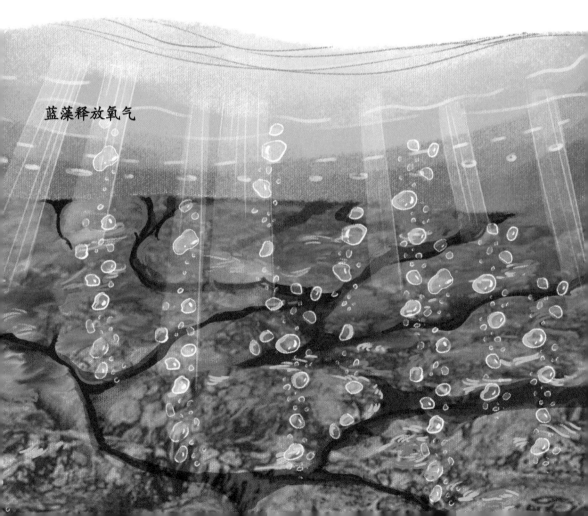

蓝藻释放氧气

▶ 蓝藻走向繁盛

蓝藻在有光的水域繁衍，蓝藻走向繁盛与陆地面积的增大有很大关系。在地球早期，地幔存在着巨大的对流，以地下 660 千米附近为界限，形成了上下对流。大约 27 亿年前，随着地核对流的加强，地幔上下两个对流也融合为一个更强大的对流，这使得地壳板块运动变得频繁并推动大陆形成。大陆的增加又促使适宜光合作用的浅滩不断增加。因此，蓝藻的繁荣与地球内部的变化息息相关。

蓝藻通过光合作用不断释放氧气，刚形成的氧气首先被岩石中的铁和大气中的氢等元素吸收。但随着地壳运动趋于平缓，地球上的火山活动减少，氧元素渐渐地能以氧气的形式存在于大气中了。与此同时，随着大陆增长过程中风化作用的增强，越来越多的岩石表面的铁和磷被氧化后，随着雨水流入海洋。海水也因此变得富营养化，这进一步促进了蓝藻的繁衍和生长。

▶ 氧气增多的其他原因

（1）地幔物质运动减缓了氢气的释放

> **小词典**
>
> **富营养化**
>
> 富营养化指的是水体含氮、磷等营养物质过多，从而导致植物疯狂生长，引起水质污染的现象。

太古代时期可能已经有氧气了，但氧气的含量非常低。这主要是由于这时产生的氧气会与火山中的还原性气体（主要是氢气）发生反应，变成水分子从而被消耗掉。因此，氢气的喷出速度很可能就是限制氧气增多的原因。

氢气的喷出速度主要取决于地幔物质的性质，但地幔物质的性质在地质历史时期几乎没有大的改变。此外，氢气的喷出速度还取决于地幔的黏性物质运动。地球从形成之初的大火球逐渐降温，地球内部逐渐冷却，所以地幔黏度变大，物质运动变慢，这导致氢气的释放速度不断减缓，从而使得氧气被结合形成水分子的概率降低，由此促使大气中氧气含量增加。

（2）地球自转速度减慢

2021 年，一个国际研究小组通过研究，针对地球上氧气增多的原因提出了另一种解释。他们认为地球的自转速度与远古时期氧气的出现有关。自地球形成以来，其自转速度一直在缓慢下降。直至现在每 24 个小时完成一次自转，这意味着白昼时间变长。

科学家研究发现，暴露在光线下的时间越长，微生物垫释放的氧气就越多。他们模拟地

小词典

微生物垫

微生物垫指水体中由微生物群落的代谢活动形成的黏性层状微生物细胞与有机物沉积薄层。

球自转速度逐渐变慢的情景，发现较长的白昼会增加早期蓝藻垫的氧气释放量。这表明白昼时长确实会影响微生物垫的氧气释放量。随着地球自转速度减慢，白昼变长，在类似的微生物垫上可能会引发更多的光合作用，从而使氧气在古代海洋中积累并扩散到大气中。

<<<<<

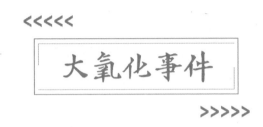

大氧化事件

>>>>>

蓝藻通过光合作用释放大量氧气，海洋和大气中都充满了氧气，最终导致了第一次大氧化事件。这是地球演化史上的重大事件，对地球表面环境和生物界都产生了极为深刻的影响。

▶ 发现氧气的"圣人"

1774年，英国化学家约瑟夫·普里斯特利发现了氧气，他认为氧气是"植物发出的新鲜空气"。那么，地球上的有氧环境是何时出现的呢？

氧气无色透明，肉眼看不到，也无法作为化石留存下来。然而，科学家还是通过蛛丝马迹，断定有氧环境大概是在23亿年前出现的。这其中必须提到美国一位著名的地质学家——普雷斯顿·克劳德。他对认识地球早期氧化事件做出了重要贡献。

克劳德一生经历曲折丰富,当过海军,打过工,上过夜校,也频繁地更换过高校任教,这些都是为了满足他突如其来的兴趣。丰富的履历使得他善于从更宏观的角度去看待问题。克劳德在学术上贡献颇多,尤其是在地质年代、生命起源、寒武纪大爆发等领域提出过许多真知灼见。1968年,他写下了人生第一部著作——《原始地球大气圈和水圈的演化》,证实了太古代的大气含氧量很低。

普雷斯顿·克劳德

而对于氧气是从什么时候开始增多的,克劳德百思不得其解。后来,他想到他以前在安大略省南部休伦湖地区的攀岩经历,这给了他很大的启示。克劳德发现,在当地25亿~24亿年前的岩石中含有铀矿和黄铁矿,而在更晚一些的岩石中,铀矿和黄铁矿却突然消失了,取而代之的是红色的砂岩,这些红色砂岩也被称为红层。

显然,这可能是因为随着大气中氧气浓度升高,铀矿和黄铁矿被完全氧化掉,故而消失在地层中。而红层是含氧环境下岩石受到风化

作用的直接产物。克劳德据此提出，在24亿~23亿年前，大气中的氧气浓度大幅增加。随后的研究进一步表明，27亿年前形成的铁矿证明了氧气在海洋中开始出现，而20亿年前形成的红色砂岩证明了从海洋释放出来的氧气在大气中积累起来，成为大气的一部分，二者如同"氧气接力棒"，是氧气存在的重要物证。

科学课堂 氧气是如何被发现的？

英国化学家约瑟夫·普里斯特利曾利用一个大凸透镜，把阳光聚焦起来，加热氧化汞，然后收集产生的气体并研究了这种气体的性质。他发现蜡烛在这种气体中燃烧的火焰非常旺盛；老鼠在装有这种气体的瓶中存活时间是相同容积的装普通空气的瓶中的两倍。他用玻璃吸管从装满这种气体的大瓶里吸取它，感到十分轻松舒畅。普里斯特利是第一位详细描述了氧气各种性质的科学家。

▶ **大氧化事件的形成**

27亿年前，地球大气的主要成分是二氧化碳和水蒸气，但海洋的浅滩出现蓝藻后，情况发生了变化。蓝藻在约27亿年前就具备了当今植物光合作用的能力。它们在浅滩大量繁殖，产生了当时地球上几乎不存在的氧气。当时的海洋中，除了钙、钠等元素外，还溶解有从海底热泉喷出的二价铁离子。释放到海洋中的氧气便立刻与这些二价铁离子结合，在随后大约3亿年的时间内充分消耗掉了海水中的二价铁离子。于是，海洋表层开始有多余的氧气了。

氧气在海洋中没有了可以结合的对象，便从海洋扩散至大气中，使大气中有了氧气。就这样，在23亿年前，大气中的氧气含量开始增加，这种现象被称为"大氧化事件"。虽然当时的氧气浓度只有现在的十分之一左右，但对当时的地球产生了直接的影响，使得自然环境和生命演化发生了重大改变。对于现在的我们来说，氧气的存在是理所当然的。殊不知，氧气的出现改变了一切，在有机界

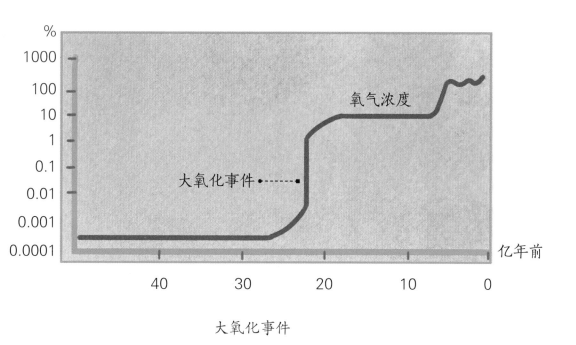

大氧化事件

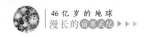
和无机界都引发了巨大的连锁反应，堪称地球生命史上的大事件。

<<<<<

臭氧层的形成

>>>>>

今天，人们都知道在地球上空有一层臭氧在默默地保护着地球上万物的生长。也就是说，现今地球生物的蓬勃发展，在很大程度上与臭氧层的保驾护航有着密切的关联。臭氧层很薄，平均只有 3 毫米，但是臭氧层的存在让地球生物可以免遭太阳紫外线的强辐射伤害。

▶ 臭氧是怎么回事

150 多年前，德国的一位科学家在火花放电实验中偶然闻到了一种特殊的臭味，而这种臭味竟然和自然界中发生闪电后产生的臭味一致，于是他将这种"味道"称作"臭氧"。直到 20 世纪初，人类才第一次知道臭氧层的存在。

当第一次大氧化事件发生后，由于大气中氧气浓度的增加，从宇宙射入的强烈紫外线与地球大气中的氧分子发生了反应。氧分子被分解为两个氧原子，孤立的氧原子便与其他氧分子结合形成了臭氧。臭氧吸收紫外线后，又被

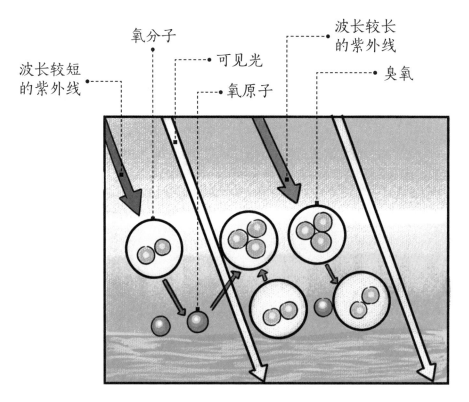

波长较短的紫外线　氧分子　可见光　波长较长的紫外线　氧原子　臭氧

臭氧形成示意图

分解为氧分子和氧原子，再次产生其他臭氧。就这样，只要存在氧气和紫外线，大气中就会存在一定量的臭氧。臭氧就是以紫外线和氧气为"原料"而形成的气体。

▶ 让地球穿上"航天服"

臭氧层是地球的天然屏障，位于距地面 20~25 千米的高空。臭氧层的形成和氧原子有关，氧原子越多，臭氧层就越厚，对于地球的保护就越好。

随着大气中氧气浓度的升高，臭氧含量有所增加，最终形成了臭氧层。但是，臭氧层形成之初只存在于靠近地球表面的区域。因为 23 亿年前，氧气浓度比现在要低，在这种情况下，紫外线能够到达地表附近，因此可以想象氧气和紫外线的相遇是发生在靠近地表的地方。臭氧层尽管是保护生物不受紫外线侵袭的"伙伴"，但是臭氧本身就有极强的氧化性，这对于生物来说是有害的。也就是说，臭氧层形成之初的地表附近，不仅紫外线强烈，臭氧浓度也很高，这对于生物来说是十分危险的。显然，那时的陆地上尚未形成适合生物生存的环境。

氧气浓度再一次爆发式上升是约 6 亿年前的事。这一时期，臭氧层密度急剧增加，高度也上升到距离地面20~25 千米处，和现在的高度基本相同。臭氧层的形成消除了生物登上陆地的一个障碍，为生物登陆创造了条件。

臭氧层能作为地球生命的保护伞，是因为它吸收了对生命有害的太阳紫外线。紫外线辐射会破坏生物的遗传物质 DNA，还会破坏生物蛋白质、细胞膜，造成细胞死亡。此外，紫外线辐射还会使生物免疫功能下降，抑制植物开花、传粉、结果。同时，紫外线能穿透 10 米深的水层，杀死水中的浮游生物和微生物，从而打乱水中生物的食物链，影响生态平衡和水体的自净能力。

紫外线根据波长的不同可分为三种类型：波长较长的

长波紫外线、波长较短的短波紫外线和中波紫外线。长波
紫外线虽然会达到地面，但对生物的影响较小。而短波紫
外线和中波紫外线能量巨大，能够到达生物的细胞内部，
破坏 DNA。对于只有一个 DNA 分子的单细胞生物来说，
DNA 被破坏就意味着死亡；对于多细胞生物来说，中波紫
外线和短波紫外线同样是有害的。

因此，臭氧层就像是保护地球生物的"航天服"。虽
然其含量极少，只占大气含量的一亿分之一，但不多不少，
正好适宜生物生存。臭氧层形成的这种微妙平衡的过程，
可以说是一种奇迹。如果臭氧层出现空洞或者变稀薄，地
球上所有生命都会面临灾难。

5 有氧环境下的巨变

氧气的出现改变了地球表面的一切。

23亿年前发生的大氧化事件在地球生命史上具有里程碑的意义，它改变了海洋和大气的环境，一些重要沉积矿藏也因此而形成。此外，它还有力地推动了生命演化，使真核生命登上演化的舞台。从此，地球生命进入有氧环境下的演化，开启走向复杂生命的演化征程。

<<<<<

自然环境的变化

>>>>>

氧气的出现深刻影响了地球的自然环境，海洋和大气的成分也因此发生变化。同时，最古老的铁矿矿床在世界各地广泛形成，一大批新矿物陆续出现。

▶ 大气成分发生重组

地球大气成分的演变经历了原始大气、次生大气和现代大气三个阶段。

原始大气出现于地球形成过程中，科学家推测其只含氢气、氦气、氖（nǎi）气、氨气、氩（yà）气、甲烷和水蒸气。然而，原始大气仅存在几千万年就被太阳风吹散了。

早期的地球，火山喷发和造山运动十分频繁，次生大气便随之出现。其主要成分是水蒸气、二氧化碳、氮气、硫化氢、甲烷和氨气。当时地球上尚无生命存在，所以大气中既没有氧气也没有臭氧，强烈的阳光和紫外线可直射地球。

次生大气和地球上的固体物质互相吸引、互相依存，没有被地球的离心力所抛弃，成为地球生命诞生的保护层。

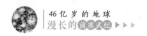

随着地球温度降低，液态水开始出现。液态水溶解了大气中的二氧化碳，使得二氧化碳含量迅速下降。

23亿年前，有氧大气开始出现。大气中的甲烷、氮气、氨气等在阳光作用下合成了早期生命所需的有机物。同时，海洋中出现的蓝藻开始利用二氧化碳和水，合成碳水化合物并释放出氧气。随着绿色植物的演化，次生大气逐渐被改造，大气中的氧气越来越多。

随着氧气浓度持续上升，臭氧层形成，植物便登上了陆地。植物的光合作用也因此得到加强，大气含氧量快速

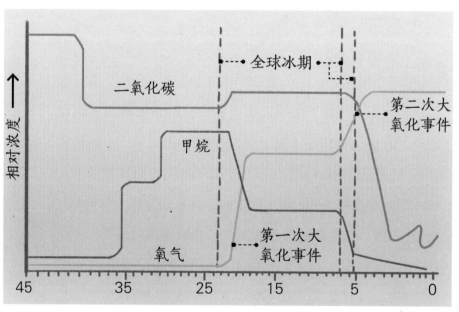

地球大气演化示意图

提升，甲烷被大量分解，二氧化碳被大量固定，最终形成现代大气。

今天的大气是由多种气体组成的，但主要成分是氮气，其次是氧气，还有一些其他的气体，但含量非常低。

▶ 引发第一次大冰期

地球早期大气中甲烷含量非常高，但自从大气中开始出现氧气后，氧气便与甲烷发生化学反应，甲烷因此不断被消耗。

甲烷能够把热量留在大气中，使地球保持一定的温度。随着大气中甲烷含量的大幅减少，地球失去了最重要的温室气体。与此同时，大气中的另一种温室气体——二氧化碳的浓度也降低到只有原来的三分之一。温室气体大量减少，最终导致地球急剧变冷。

因此，大氧化事件可能是第一次雪球地球事件的诱因，导致地球进入休伦冰期。科学家在北欧等地发现了大量距今20多亿年的冰期痕迹——冰碛。这些冰碛广泛分布于北美洲五大湖之一的休伦湖附近，因此最早的冰期也被称为休伦冰期。在加拿大安大略省发现的冰碛中夹有表面呈肉色的碎石，它是由冰川漂流带来的，这也被认为是元古代初期的冰川痕迹之一。休伦冰期是地球上已知最长的冰期，出现于24亿~21亿年前，持续了3亿~4亿年。

▶ 铁矿形成

在早期地球火山四处喷发的不稳定时期，大量二价铁离子进入海洋。由于没有可以与之结合的氧离子，它们很不稳定，只能溶解在水中，其水溶液呈浅绿色。所以在相当长的一段时间内，地球上的海洋是一片浅绿色，而不是现在的蓝色。

由于蓝藻的光合作用，大量氧离子被释放到海洋中。于是，精彩的一幕出现了：不稳定的二价铁离子与氧离子相遇便立刻发生化学反应，结合形成稳定的三价铁并以铁矿形式贮存在海底。

科学家的勘探结果显示，在距今36亿~18亿年间，全球范围内广

条带状铁建造

泛形成了一种富含铁矿的沉积，这又叫条带状铁建造，这是地球上最古老的沉积岩石之一。条带状铁建造的形成需要大量的氧气，因此，海底条带状铁建造或铁矿的大规模出现，实际上反映了地球早期大气和海洋中氧气浓度的一次显著上升。

当时形成的条带状铁建造是目前世界上最重要的铁矿床，是宝贵的地球资源。它们占世界铁总储量的60%以上。目前，全世界铁矿石的储量约为2320亿吨，其中大半都形成于那个时代。北美的苏必利尔湖铁矿、西澳大利亚的皮尔巴拉铁矿、中国的鞍山铁矿、俄罗斯及乌克兰的库尔斯克－克里沃罗格铁矿等都形成于27亿~24亿年前的这段时期。

▶ 叠层石见证自然变迁

在早期地球漫长的生物演化时期，有一种叫叠层石的十分繁盛。它是底栖微生物（主要是蓝藻）在浅海环境中形成的最具代表性的一种沉积构造。蓝藻等低等微生物的生命活动在潮汐的影响下，与周围的微细矿物颗粒发生周期性的沉积和胶结作用，会形成叠层状的生物

小词典

沉积构造

沉积构造是指沉积岩的各组分在空间上的分布和排列方式所表现出的总体特征，或者说，是指组成岩石的颗粒间相互排列的关系总和。

小词典

微生物席

微生物席是指在含氧量极低的区域或者无氧区域存在的以硫化氢为食的微生物，微生物席通常只有数厘米厚。

沉积构造。由于其纵剖面向上层层凸起，因而得名叠层石。

叠层石的形态特征直接反映了它们的生长环境，很适合用来研究古环境、古地理及古气候。早期由于缺乏生物扰动作用，海底广泛发育有一层微生物席，它是形成叠层石的基础。微生物席通常发育在水深不超过100米的清澈透明、有光照的水体里。在不同的光照条件下，它们会以不同的形态尽可能多地获取光照。例如：水深较深处的叠层石会强烈向上生长，形成高大的柱状叠层石；水深较浅处的叠层石会横向扩展，增大接受光照的面积，形成大片的层状叠层石。此外，在不同的水动力条件下，

①白天，光合作用旺盛，蓝藻细胞反复分裂。蓝藻从体表分泌黏液。

②夜晚来临，光合作用停止。漂浮在水中的沙石和泥巴的微粒会堆积，然后被蓝藻分泌的黏液固定。

③ 太阳再次出现的时候，蓝藻从微粒堆积物的上方再次进行光合作用。如此循环往复，叠层石不断长大。

叠层石形成示意图

它们也会以不同的形态来应对水流或风浪的冲击。

叠层石的演化史很漫长，在地球早期生物演化时期繁盛过很长一段时间。尤其在约 12.5 亿年前，叠层石无论是在数量上，还是在形态的多样性上都达到了繁荣的顶峰，几乎占领了当时世界各地的浅海、浅滩、潮坪、潟（xì）湖及热泉等水域，在许多地方构成绵延数千米甚至数十千米的大堡礁，是地球大气中氧气的重要供应者。

大约 6 亿年前，海洋动物大量出现以后，这些微生物形成的沉积构造明显萎缩。时至今日，现代海洋叠层石主要分布在澳大利亚西海岸、中东波斯湾等地区。

▶ 新矿物大量出现

氧气是一种化学性质很活跃的气体，有很强的氧化性，能和许多岩石及矿物发生化学反应，改变它们的组分和结构，形成新的矿物。

在大氧化事件发生前，所有元素都处在氧气含量极低的环境中，元素之间的结合受到限制，形成的矿物的种类较少。大氧化事件发生后，在近地表环境中，许多元素以一种或多种氧化物的形式存在于矿物中，矿物种类变得越来越丰富。

以铜为例，在大氧化事件之前，地球上只有 20 多种含铜的矿物，现在，地球上有超过 600 种含铜的矿物。在氧气的参与下，许多矿物能与铜、氧以及其他元素紧密结合，形成独特的新矿物。据科学家估计，地球上目前发现的大约 4500 种矿物中，有 2500 多种是由于大氧化事件形成的。

<<<<<

真核生命脱颖而出

>>>>>

大气中氧气含量的增加，有力地推动了生物的演化。一种新的生命类型——真核生命也由此诞生了，其影响一直持续到今天。

▶ "细胞内共生"假说

从原核生命演化出真核生命，这是生物进化史上里程碑式的进步。那么，构成真核生物的真核细胞是如何产生的呢？

科学家在迄今仍然繁衍生息的发光细菌等原核生物的身上观察到了细菌间交流的现象。例如，当生物个体增加时，它们会通过传感细胞互相告知各自的存在；此外，不同种类的细菌会互相复制基因，从而使得原本功能单一的细胞成为具有更多功能的细胞。由于它们构造简单，所以通过这种灵活的共生关系便能生存下去。这种现象被认为是原核生物的一种求生策略，或者说这种合作模式是原核生物的特征。

27 亿年前，由于蓝藻大量出现并释放氧气，原本在无氧大气环境下生活得非常滋润的原核生物迎来了最大的挑战——自身将被氧化。为了避免被氧化，它们创造了一种"内共生"的生存方式，这使得原核生物华丽转身，进化为单细胞真核生物。

美国细胞生物学家林恩·马古利斯对原核细胞共生现象的研究做出了杰出贡献。她在 1967 年提出"细胞内共生"假说。按照该假说，真核细胞主要是基于三至四种原核生物的内共生而诞生的。这些原核生物主要有呼吸氧气的立

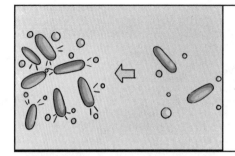
同类细菌增加，互相释放传达物质，感知对方的存在，共同行动。

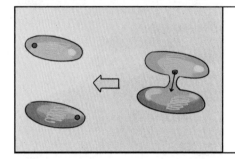
向其他个体或其他种类的细菌传播必要的基因。

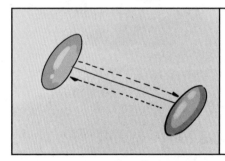
不同环境中的两种细菌通过腺毛进行必要的电子传递。

原核细胞的不同共生形式

克次氏体类细菌、古细菌以及尚未被证实来源的螺旋体，产生氧气的蓝藻当然也是共生成员之一。在向真核细胞转变的共生过程中，古细菌为了保护基因不受氧气侵袭，开始用自己的膜包裹基因；立克次氏体类细菌被吸纳进这种母体，用于吸收母体内的氧气并将其转化为能量，立克次氏体类细菌最终演化成为线粒体，真核细胞的结构就此形成。

▶ 解剖真核细胞

真核细胞指含有真核（被核膜包围的核）的细胞。除细菌和蓝藻的细胞以外，所有动物细胞以及植物细胞都属于真核细胞。由真核细胞构成的生物被称为真核生物。

真核细胞具有细胞核，细胞核和细胞质相对分离，遗传信息的转录与翻译分别在细胞核内和细胞质中进行。因此，真核细胞提供了一种有利于基因组向更加复杂化和多功能化发展的环境。

科学课堂　原核生物向真核生物进化的案例

日本筑波大学的科研人员发现了一种现生鞭毛虫，能再现原核生物向真核生物进化的过程。这种鞭毛虫无色，具有类似"嘴巴"的捕食器官。它将一种绿藻吸入体内而共生，从而获得进行光合作用的能力。一段时间后，这种鞭毛虫身体会变绿，同时，"嘴巴"消失，进而分裂出绿色和无色两个细胞。

真核细胞还含有线粒体、核糖体、内质网等细胞器。相对于原核细胞，真核细胞具有行使生理、生化功能更为完善的细胞器官。探寻最早真核生物的出现及其化石证据是研究地球生命起源和演化的至关重要的课题。

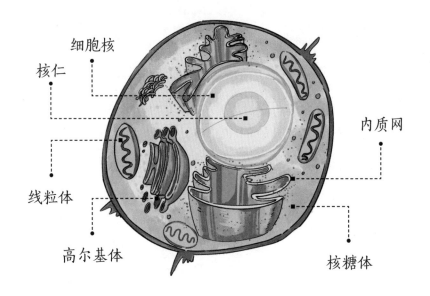

真核细胞

▶ 多细胞生物如何而来

多细胞生物起源于单细胞生物，是指由多个分化的细胞组成的生物体，其分化的细胞各有不同的功能。在许多具有不同功能的细胞的密切配合下，生物体能完成一系列复杂的生命活动，如免疫等。大多数肉眼可以看到的生物都是多细胞生物。

▶ 古老的真核生物化石

（1）单细胞真核生物化石

迄今为止，地球上最早保存有形态学特征的单细胞真核生物化石是发现于美国密歇根州的卷曲藻化石。该化石距今约 21 亿年，宽约 0.5 毫米，长约 2 毫米，从形状可以推测它们属于大型藻类。

我国最早的单细胞真核生物化石发现于河北省张家口市庞家堡地区，距今约 18 亿年。这些被发现的化石为球形、椭球形和纺锤形，其直径一般大于 50 微米，最大直径可达数百微米。此外，在天津市蓟州区，科学家也发现了距今约 17 亿年的真核生物有机质壁微体化石，这是迄今全球发现最早、多样性最高的真核生物化石群，其为真核生物的起源和早期演化提供了可靠证据。

（2）多细胞真核生物化石

2016~2017 年，中外科学家先后发现了迄今为止最古老的宏体多细胞真核生物化石。例如，中国科学家在华北燕山山脉发现了高 30 厘米、宽 8 厘米且类型多样的多细胞藻类生物化石。其中一种最大的舌状化石长 28.6 厘米，宽近 8 厘米；另外一种带状化石长 30 厘米以上，宽达 4.5 厘米。此外，部分标本还可以看见固着器官。与此同时，在保存标本的岩石中，科学家还发现了精美的生物多细胞组织碎片。这些生物也许可以进行光合作用，固着生活在

小词典

枯燥的10亿年

英国牛津大学的古生物学家马丁·布拉西尔提出，在18亿~8亿年前的将近10亿年的漫长岁月中，地球上的生物演化进程迟滞，整个地球系统变化也非常缓慢，初期主要存在一些微小的生物体，到了后期才逐渐出现少量宏体生物，生物种类也非常稀少，以原核生物为主。

15.6亿年前的浅海中。

国外科学家则在印度发现了两块可能是地球上最古老的多细胞真核生物化石，时间距今约16亿年。瑞典国家自然历史博物馆的古生物学家斯蒂芬·本格森研究后表示，从形态和结构上看，该生物与红藻最为相似。在此之前，最古老的红藻形成于12亿年前。新发现的原始红藻表明多细胞真核生物出现的时间比之前认为的时间要早得多。

这些重大发现表明，中元古代地球上的环境发生了很大变化，真核生物已经开始呈现多样化了。科学界所谓"枯燥的10亿年"的说法并不准确，其实那时地球生物已经相当丰富了。

▶ **真核细胞开启生物演化新旅程**

真核细胞的出现具有深远的意义，它奠定了有性生殖的基础。有性生殖的出现，增强了物种的变异性，推进了生物进化的速度，促使动植物分化。真核细胞是一切多细胞生物的基本组成，如今地球上能繁衍出如此丰富而多样的物种都有赖于真核细胞的出现。

真核细胞中有丝状的染色体，它与蛋白质

结合形成了能携带更多遗传信息的载体。与原核细胞的拟核中只有一个 DNA 分子的结构相比，真核细胞中较多的 DNA 分子以及多条染色体的结构奠定了有性生殖的基础。

真核细胞利用能量的方式和效率也在不断发展和进化，最初是低等生物的无氧酵解，后来演变成高等生物的有氧代谢。而作为进化产物的线粒体，成了不可或缺的细胞器。它能将含碳有机物（如葡萄糖、脂肪等）中的能量通过充分的氧化进行释放。这对生物的进化与发展起到了巨大的推动作用。

在这样的过程中，生物不断适应环境，发展出越来越多的、独特的、能帮助它们生存的能力。比如植物抗寒、抗旱、耐热等，动物能飞翔、奔跑、跳跃等，这使得生物的演化方向丰富而多样。

真核生物的多细胞结构还导致了生物的分化。比起原核生物的单细胞简单结构，真核细胞中有更细化的分工和更复杂的结构，所以真核细胞具有更为复杂的功能。而真核生物的多细胞化、功能进一步细分使得生物出现了动物和植物的分化。而这样的分化使得生物的进化开始朝着一个具体的方向发展，如植物开始从低矮的灌木向更高大、能更快进行光合作用的乔木发展。

与此同时，这些生物还进化出了适合自己生存的形态和功能。比如仙人掌为了减少水分蒸发而演化出刺型的叶，

某些植物为了避免被啃食而产生毒素。对于动物而言，植食性动物要么变得越来越强壮，比如大象、河马等；要么变得越来越灵活，能快速地逃跑和躲藏，比如兔子、鹿等。肉食性动物也相应地在速度和力量方面继续加强，以保证

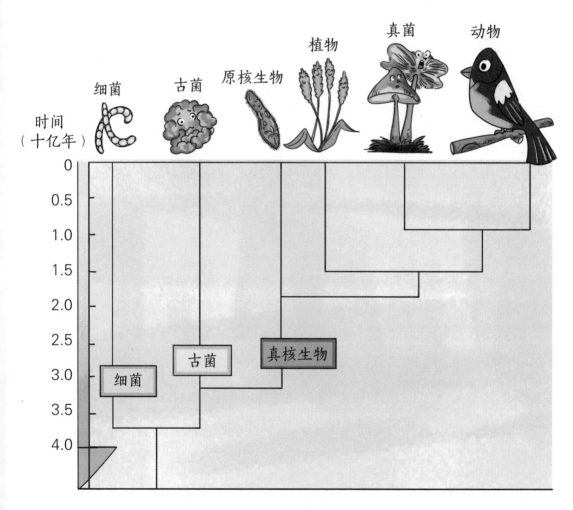

进化树

能猎捕到足够维系生存的食物。因而，真核细胞不仅导致真核生物的分化，也能积极促进生物的进化。

最后，从生物进化多样性的方面来看，真核细胞的出现也有积极意义。在原核生物体系中，一般是以自养的藻类和异养的各类细菌组成二极生态系统为主，而真核生物衍生出的动物和植物，则和菌类一起，组成了一个三极生态系统。更多的生态系统有利于遗传信息的多样化，并且给遗传信息的重组或变异创造了更多的条件。

总之，真核细胞的出现加快了物种进化的速度，同时给高等生物的出现创造了必要的条件，推动了整个生物圈物种的进化。

<<<<<

原核生物的悲惨命运

>>>>>

原核细胞非常原始，结构简单，遗传物质完全裸露在外，以至于原核细胞只要一接触到氧气就会死亡。

因此，当氧气出现时，有氧环境对这些原本厌氧的原核生物产生了致命的威胁，导致绝大多数生物从地球上消失。美国斯坦福大学的科学家通过研究发现，第一次大氧化事件使地球上 99.5% 的生物消失了。这样的结果比 6600

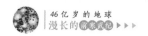
万年前恐龙的灭绝更为惨烈。

在大氧化事件前，地球上的生物几乎都是厌氧的原核生物。它们根本不需要氧气，氧气对它们来说甚至是有毒的。但是有氧环境形成后，原核生物就只能四处躲藏。今天，我们只有在地球的深海海底、地表的热泉和火山口才能找到这样的原核生物。

<<<<<

多细胞生物艰难兴起

>>>>>

随着大气中氧气含量的增加以及臭氧层的形成，地球才真正成为拥有蓝天碧海的美丽星球。生物界不再是只有用显微镜才能看到的微小单细胞生物，复杂的多细胞生物陆续出现。从真核生物登上演化舞台，到动物真正出现，这一历程经历了十几亿年的漫长时间。那么是什么原因导致多细胞生物演化如此缓慢呢？动物为什么直到6亿年前才出现呢？

▶ 地球再次陷入低氧环境

大氧化事件导致地球出现有氧环境，但是这有氧环境并非一成不变，而是处于一种波动起伏的状态。生物在氧气的指挥棒下，多次发生灭绝，又多次繁盛。在第一次大氧化事件后，地球曾再一次进入漫长的低氧环境，大气的氧浓度不到现代浓度的 0.1%。这显然不足以支撑动物出现，因为绝大多数动物的生存离不开较高浓度的氧气。这种低氧环境持续了十几亿年，直到 6 亿 ~5.2 亿年前，第二次大氧化事件的出现，才使得这种局面得到根本改变。

▶ 雪球地球事件

雪球地球事件就是地球出现的极端寒冷气候事件。当时地球的气温低至零下 50 摄氏度，冰川从极地一直扩张到赤道地区，厚度可达 1 千米。从太空看，地球完全是一个巨大的"雪球"。美国地球生物学家约瑟夫·柯世韦因克于 1992 年将此称为"雪球地球"。在地球 46 亿年的历史中，曾四次出现过极端寒冷气候事件，分别是古元古代休伦冰期、新元古代大冰期、石炭纪 – 二叠纪大冰期和第四纪大冰期。

在 7.5 亿 ~5.8 亿年前的新元古代，地球上发生了多次全球性的冰期事件。其中 7.5 亿 ~7 亿年前的斯图特冰期和 6.35 亿年前结束的马林诺冰期规模最大，几乎波及全球。

全球性的寒冷气候使得地球的生态系统发生了很大的变化。冰期之前，温暖的浅海环境中广泛发育由蓝藻和细菌形成的叠层石 – 微生物菌藻席，它们在生物圈中占主导

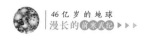

地位并持续了近 30 亿年。在地球进入严寒环境后，这些生物的演化便停滞了，只能在"避难所"苟延残喘。雪球地球事件结束后，在不到 300 万年的时间里，一些真核微生物便开始繁盛。

海洋初级生产力在冰期结束后得到快速恢复，从而使得大气中氧气浓度升高。真核生物繁盛起来，大气中的氧循环产生了不可逆转的变化，地表自此进入了氧气浓度明

雪球地球

显升高的状态。与此同时，大气中氧气浓度的升高又使得真核生物更加繁盛。

冰期中的大陆上积累了大量的陆源碎屑物质。冰期之后，这些陆源碎屑物质便和淡水一起进入浅海，使得当时的浅海在较短的时间内形成温暖、低盐、富营养化的环境。这种环境有利于低等藻类的繁盛。它们产生的氧气以游离态的形式大量进入大气，使大气和浅海中的氧含量在冰期结束后相对较短的时间内有了明显升高。

另外，生物所需的磷元素在冰期过后也被大量带入海洋中。在离大陆稍远的深海区域，低等藻类死亡后的遗体中富集了大量的磷元素，随后这些磷元素又被上升流带到温暖的浅海。

新元古代大冰期也给真核生物本身带来了巨大的选择压力。一些真核生物在极端寒冷事件中彻底消失了。此外，冰川作用形成的地理隔离，也很可能加速了部分海洋生物新种的形成。

尽管雪球地球事件给地球原有的生物圈及生态系统造成了巨大的破坏，但后来的环境变化为真核生物的发展创造了契机。冰期之后，

小词典

上升流

上升流又名涌升流，是一种垂直向上逆向运动的洋流。由于风将表层海水吹离海岸，导致岸边海面略有下降，为达到水压的平衡，深层海水就会在这里上升，形成上升流。

温暖的浅海、多样化的栖息地、富含磷和其他无机盐的海水、大气含氧量的升高以及生物遗传物质的快速变异，这些都成为真核生物多样性演化的必要条件。

▶ 超级大陆分崩离析

罗迪尼亚超级大陆是存在于新元古代的超级大陆，由当时几乎所有陆块拼合而成，它形成于约 10 亿年前，在约 7.5 亿年前发生分裂。

罗迪尼亚超级大陆是一个荒芜的陆地。当时臭氧层尚未完全形成，过于强烈的紫外线使陆地不适合生命生存。尽管如此，罗迪尼亚超级大陆对于海洋生物的影响还是相当明显的。

超级大陆的分裂导致新的海洋形成，海底开始扩张，产生了温度较高、密度较低的海洋地壳。由于密度较低，这些地壳便向上抬升，从而造成海平面上升，形成许多浅海。海洋面积增加，海水的蒸发量也相应增加，从而造成全球降雨量增加，加快了裸露岩石的风化。因为岩石的快速风化，增加的降雨量使得温室效应减弱，最终形成了雪球地球。

冰期结束后，全球气温回升，大洋洋流变得活跃，为浅海生物带来了源源不断的营养物质，促使海洋生物蓬勃发展。多细胞生物的起源和早期演化正是发生在这一特定

罗迪尼亚超级大陆分裂

时期。

▶ 大氧化事件再次出现

第一次大氧化事件后，地球进入了漫长的低氧环境，在约6亿年前，地球大气中氧气含量再次大幅升高，这为多细胞生物的发展提供了适宜的环境。

那么，形成第二次大氧化事件的原因究竟是什么？近

小词典

蒸发岩

蒸发岩也称"盐岩"，是由含盐溶液通过强烈的蒸发作用而形成的一类纯化学沉积岩，常见的矿物成分有石膏等。蒸发岩一般形成于干燥气候带的湖泊中。

年来，科学家通过研究发现，当时的地球造山运动遍及世界各地，大量蒸发岩被风化剥蚀后流入了海洋。这些蒸发岩中富含硫酸盐，具有氧化作用，可以使海洋中的有机碳快速减少。随着海洋中的有机碳被氧化，大量二氧化碳被排放到大气中，使大气温度升高。因此，陆地风化作用进一步加强，更多的蒸发岩流入海洋，海洋中的有机碳又被大量氧化。如此循环往复，大气和海洋中的氧气含量快速增加，从而为大型复杂多细胞生物的快速演化奠定了基础。

海绵动物的成年个体在6亿年前就出现在海洋中。海绵动物具有很强的吸附功能，擅于捕食海水中悬浮的有机质，加速了海水中有机质的消耗和埋藏，从而减少了海水中氧气的消耗。随着氧气含量增加，微型浮游动物和复杂动物的出现，进一步消耗了海水中的有机质，由此也促使海洋中氧气含量快速增加。

6 多细胞生物发展

多细胞真核生物的诞生，为生物向大型复杂生物体的演化奠定了基础。直至5.18亿年前的寒武纪生命大爆发，多细胞生物的演化才进入蓬勃发展的时代。

<<<<<

动物世界的黎明

>>>>>

动物的演化历史其实并不久远，在新元古代才开始有动物的化石记录。现有的化石记录表明，最古老的动物大约出现在 9 亿年前，而最古老的成体化石则形成于 6 亿年前。在前寒武纪最后一个时代——埃迪卡拉纪出现了一次又一次的生物群演化，动物世界的黎明也在这一次次演化中到来。

▶ 最古老的动物化石

2018 年，《自然·生态学与演化》杂志发表了一篇文章。文章介绍了科学家在岩石中发现的类固醇化合物。而在自然界中，只有海绵动物才能合成这种化合物。因此，这些可以追溯到 6.6 亿 ~6.35 亿年前的生物标记物可能表明，早在那个时候就已经有动物在海底生活了。

2021 年 7 月，英国和美国的科学家组成的一个科研团队，发现了一块包含有两种不同细胞类型的微化石。科学家推测这可能是有记录以来最早的多细胞动物化石。后来

通过研究，科学家发现形成这块化石的动物并不完全属于真正意义上的多细胞动物。它可能代表的是单细胞生物向复杂多细胞动物演化的过渡环节。此外，由于这块化石是来自10亿年前的湖泊沉积物，而不是来自海洋沉积物。因此，科学家认为，早期的多细胞动物可能是在湖泊中出现的，并非是从海洋中进化而来。

2021年，《自然》杂志刊载了另一篇关于最古老的动物化石的文章。该文章介绍了加拿大地质学家特纳发现的距今8.9亿年的海绵动物化石。其实早在20年前，这位科学家就从叠层石这种古老的生命形态里找到了全世界最古老的动物化石。然而，直到20年后她才将研究成果公布于世。海绵动物是地球上结构最简单的多细胞动物，它们没有肌肉，没有神经系统。为了生存，它们演化出很多令人诧异的生理特征，如一种由蛋白质组成的柔软骨骼。

海绵动物的细胞会分泌一种特殊的蛋白质——海绵硬蛋白。这种蛋白质能帮助海绵动物拥有纤维状的柔软骨骼，正是这些骨骼赋予了海绵动物躯体柔韧性。海绵动物在浅海中固着生活，死后被泥沙埋藏于海底。

▶ 最早的成体海绵动物

海绵动物是整个动物界最原始的类群。它们没有真正的组织和器官，只有细胞分化。因此，在化石中辨别出海绵动物最理想的情况是找到保存有细胞结构和完整的水沟系统的标本。2015 年，中国科学家在贵州省约 6 亿年前的地层中发现了一块化石，这块化石恰好保存有海绵动物的特征。于是，科学家将其命名为"贵州始杯海绵"。

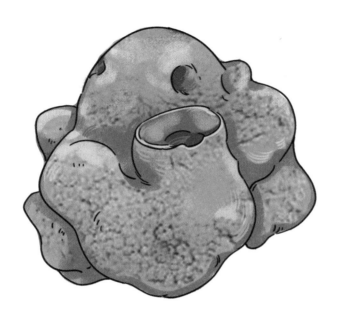

贵州始杯海绵

贵州始杯海绵化石十分微小，体积只有 2~3 立方毫米，保存有精美的细胞结构和完好的水沟系统，是迄今为止全世界发现的最古老的成体海绵动物化石。该化石外观呈缠绕的管状，由三个独立的腔室和一个实体基座组成，每一个腔室都有一个向上的开口。通过研究，科学家发现该生物体已经发生细胞分化，细胞之间发育有数量众多的小孔，

这些小孔和腔室一起形成了简单的水沟系统，为生物体提供与外界进行物质交换的通道。这些生物学特征表明它是一种与现代海绵动物非常相似的原始动物，其固着在浅水区的海底，通过简单的水沟系统进行滤食生活。

▶ 胚胎化石的多样性

贵州的大山深处埋藏着数百亿吨的磷矿，这些磷矿中有难以计数的、形成于 6 亿年前的胚胎化石。贵州也因此被科学界赞誉为"解开早期动物演化之谜的圣地"。过去三十年，中国科学家一直在努力打开这座化石宝库，早期生命研究的新成果也在这里不断涌现。

在这个举世罕见的化石宝库里，以胚胎化石最为丰富。其大小在半毫米左右，内部具有细胞分裂的结构。虽然这些胚胎化石外部大小相同，但内部的胚胎（卵）有的分裂成 2 个，有的分裂成 4 个、8 个或 16 个。此外，这些分裂的细胞都呈螺旋状排列，与藻类平面交叉的细胞分裂是不同的，与现代海洋两侧对称的无脊椎动物的胚胎很接近。

细胞分裂

细胞分裂是细胞增殖的一种过程。通常先是核分裂，形成 2 个子核，接着细胞质分裂，分为 2 个子细胞。

科学课堂

藻类细胞分裂与动物胚胎细胞分裂有何不同?

贵州省瓮安县也发现过动物胚胎化石。起初,科学家认为这些化石属于藻类。但后来科学家研究发现,藻类细胞在分裂时,每个阶段的细胞大小都是不变的。也就是说,随着细胞的增加,细胞集合体的体积也在相应地成倍增长。但是,在瓮安县发现的胚胎化石并不是这样,细胞每分裂一次,单个细胞的体积就比母细胞小一半,而整个细胞集合体的体积几乎保持不变。这一特征与动物胚胎的早期发育过程非常类似。

2005 年,中外科学家在湖北省宜昌市距今约 6.32 亿年的地层中又发现了胚胎化石,而且胚胎细胞长有刺状突起。更奇特的是,胚胎细胞外还有一层薄薄的囊胞包裹着,这代表的是动物的休眠卵。这一发现再次证明了我国过去发现的胚胎化石确实是动物胚胎化石。因此,动物形成化石的时间被整整推前了 5000 万年。遗憾的是,在宜昌市发现的仅是动物的胚胎或卵化石,而能产下大量卵的成虫是什么样子,至今仍是个谜。

具有卵的成虫显然属于多细胞动物。从生物进化的角度来说,地球上最早出现的应该是单细胞原生生物。就像

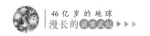
植物先是单细胞藻类，再进化为多细胞藻类一样。但迄今为止，除了国外科学家在苏格兰发现的距今9亿年的动物化石外，在这些古老的地层中再也没有找到单细胞动物化石。尽管现生的动物中有许多单细胞动物，在古生代地层中也有大量的单细胞原生生物化石，如有孔虫、放射虫等。但是，前寒武纪的单细胞原生生物化石一直是缺失的，这很可能是因为这类动物不易保存为化石。

▶ 遗迹化石的启示

遗迹化石是指保存在岩层中古代生物活动留下的痕迹和遗物。它对研究生物活动方式和习性，恢复古环境具有重要意义。生物行走时所留下的足迹以及生物的粪团、蛋等都属于遗迹化石。

近年来，科学家已经证实动物早在6亿年前就已经栖息在浅海海底。但是，那时候的动物大都是固着生活，就像现在大家熟悉的珊瑚动物。那么早期动物究竟是什么时候开始运动起来的呢？

在埃迪卡拉纪，动物因为体形微小且不易被矿化，所以很难保存有实体化石，但是它们留下的活动痕迹有很大概率保留下来成为遗迹化石。所以，遗迹化石就成为科学家研究的对象。中国科学家近年来通过不懈努力，终于在埃迪卡拉纪晚期地层中发现了早期动物留下的活动痕迹。

2018 年，中国科学院南京地质古生物研究所的科学家在湖北省三峡地区距今 5.6 亿年的石板滩生物群中发现了具有附肢且两侧对称的动物所形成的足迹。这是地球上已知最古老的足迹化石！它表明了动物至少在 5.6 亿年前就迈开了运动的步伐。这一发现轰动全球。

该足迹化石包括两条足迹和三条潜穴。其中，两条平行的足迹与潜穴相连，反映了造迹生物行为的复杂性，即造迹生物可能时而钻入藻席层下进行取食或获取氧气，时而钻出藻席层在沉积物表面爬行。此外，这些足迹还反映了造迹生物可以通过附肢支撑身体脱离沉积物表面。以往发现的同时代动物遗迹化石都是动物趴在沉积物表面蠕动的遗迹。因此，科学家判断，这种远古动物很可能是身体两侧对称、具有附肢的节肢动物或环节动物的祖先。

2019 年，该研究团队在湖北省宜昌市夷陵区的三斗坪镇发现了 50 块夷陵虫化石。在其中一块化石上，夷陵虫"长眠"在爬行途中，它的身后留下了清晰的爬行痕迹，这是它生命的最后时刻。直到 5.5 亿年后，它才重见天日，使得人类能够了解到动物最早是如何运动的。

小词典

潜穴

潜穴是指穴居的蠕虫、软体动物或其他无脊椎动物等在沉积物中留下的挖掘洞穴的痕迹。

夷陵虫

5.5亿年前，湖北省宜昌市还是一片汪洋大海。在柔软的海底，有一只手指般粗细的"爬虫"正在漫不经心地闲逛着。它时而在沉积物表面快速爬行，时而又钻入藻席层下觅食。科学家认为，夷陵虫是世界上最早的对称分节动物，螃蟹、龙虾都是它的表亲。

科学课堂 地球上最早的对称分节动物——夷陵虫

夷陵虫身体呈长条形，两侧对称，具有明显的身体分节，也具有前后和背腹的区别。在部分标本中，它的实体与遗迹同时保存在一起。这是一类全新的动物化石，在地质历史时期和现代都没有发现与其形态相同的动物。研究者便以它的发现地湖北省宜昌市夷陵区给它取了一个新名字——夷陵虫。

<<<<<

埃迪卡拉生物群

>>>>>

在 6.35 亿 ~5.41 亿年前，随着雪球地球事件结束，地球进入了一个新的历史时期——埃迪卡拉纪。此时，地球上的生命正快速向厘米级以上的大个体方向演化。这是地球生物演化史上的一次大事件，古生物学家将其称为"埃迪卡拉大辐射"。

▶ 揭开多细胞生物的神秘面纱

在达尔文所处的时代乃至后来相当长的一段时间内，科学界一直将寒武纪之前的时代称为隐生宙，意思是那个时期没有生命现象——因为科学家一直没有在前寒武纪地层中发现任何化石。不过在那个时代，科学家已经发现在寒武纪有三叶虫等复杂的多细胞生物。这一奇特现象使得达尔文非常疑惑，认为这会动摇他提出的生物进化论的观点。

显然，那个时代的科学家对于化石的认知明显不足，对于最古老的化石的产出时代还局限于寒武纪，对于更为久远的前寒武纪是否有化石一无所知。

自达尔文以后的相当长一段时期内，前寒武纪地层中鲜有动物化石这一现象仍然困扰着科学界，而对于寒武纪突然出现大量物种却有新的突破性发现。早在20世纪初，在加拿大发现的布尔吉斯页岩生物群，让世界第一次真正认识到寒武纪绚丽多彩的生命现象。这进一步加深了人类对于多细胞生物是何时出现的困惑。

直到20世纪50年代，随着埃迪卡拉生物群被发现，这才揭开了前寒武纪多细胞生物的面纱。其实，最早的埃迪卡拉纪的化石报道可以追溯到1872年。当时，加拿大的古生物学家在加拿大纽芬兰省东南部的阿瓦隆半岛发现了一种圆盘状印痕。但在当时甚至以后很长一段时间内，科学家都认为这些印痕是非生物的沉积构造，而不是化石。1908年，科学家在纳米比亚也发现了类似的化石。1946~1949年，澳大利亚地质学家斯普里格在澳大利亚埃迪卡拉山发现了更多的类似的化石。遗憾的是，由于前寒武纪没有化石的观点根深蒂固，这些发现并没有引起科学界足够的重视。

1958年，还是中学生的罗杰·梅森在英格兰查尔伍德森林中发现了一块叶状印痕化石。随后科学家通过研究，将这块化石以他的名字命名为"梅森强尼虫"。这一发现引起了澳大利亚著名科学家马丁·格莱斯纳的关注，他将梅森强尼虫与埃迪卡拉山中发现的叶状体进行了比较，认

埃迪卡拉生物群生态复原图

为这是海笔类的化石。他和同事研究后认为，埃迪卡拉山
和包括查尔伍德森林在内的其他许多地方发现的盘状印
痕，属于新元古代末期广泛存在的一个生物群。于是他将
其取名为埃迪卡拉生物群。这是科学界第一次认识到寒武
纪以前的海洋生命形态。

▶ **埃迪卡拉纪的生物遍布世界海洋**

埃迪卡拉生物群被发现后，迅速引起了科学界的关注。
除南极大陆以外，几乎所有大陆都发现有埃迪卡拉纪的化
石。目前，世界各地发现的埃迪卡拉纪化石大多以印痕或
铸模形式保存在碎屑岩中。近年来，我国三峡地区发现的
埃迪卡拉纪的化石均产自海相碳酸盐中，这说明这些动物
具有较强的环境耐受力，并且可能有能远洋扩散的幼虫。
因此，埃迪卡拉纪的生物遍布全世界的海洋。

埃迪卡拉生物群中的生物主要生活在 5.75 亿~5.41 亿
年前的海洋中。它们大多呈扁平状，一般只有几厘米大小，
最大的体长能达 1 米。

埃迪卡拉生物群出现的时间非常特殊，这段时间介
于雪球地球事件和寒武纪生命大爆发之间。在其之前的
30 多亿年时间，地球一直处于藻类时代。尽管在这个过
程中，生命不断自我完善，从原核生命演化出真核生命，
还出现了多细胞生命的趋势，但是生命仍显得非常原始。

埃迪卡拉生物群的发现宣告了这一局面的结束，以具有复杂结构的生物为主要代表的新时代已经来临。

埃迪卡拉生物群是地球低氧环境下动物大规模占领浅海的首次演化尝试。虽然埃迪卡拉生物群中的生物最终灭绝了，但是其在生物演化史上向多细胞生物复杂化的开拓性尝试具有非凡的意义。其特殊的形态和保存方式，至今仍给人们留下许多难以解答的疑问。

▶ 奇特的埃迪卡拉纪生物

自埃迪卡拉生物群被发现以来，已经被描述的化石超过 250 种。与现在生物主要以两侧对称为主的身体结构不同，那时生物的身体结构主要以辐射对称为主。

（1）查恩盘虫

查恩盘虫是埃迪卡拉生物群中的标志性生物之一，生活于 5.7 亿 ~5.5 亿年前。它们分布广泛，在加拿大、英格兰和澳大利亚都有发现。查恩盘虫绝对是当时巨无霸级的生物，高可达 1 米，其"叶柄"两侧有许多"羽叶"，"叶柄"

小词典
辐射对称

辐射对称可以分为球状辐射对称和轴状辐射对称。球状辐射对称是通过中心将身体分为无限或有限的相同两半，如太阳虫、多数放射虫等。它们多悬浮在水中生活，上下左右的环境都一样。轴状辐射对称是通过一个固定主轴，把身体分为若干相等的两半，如表壳虫、海绵等。轴状辐射对称生物适应在海底固着生活。

查恩盘虫

底部有一个球形固着器。查恩盘虫的形态特征与现生的海笔非常相似，但其真实身份至今仍然是个谜。

（2）八臂仙母虫

八臂仙母虫的化石发现于贵州省距今5.6亿年的地层中，与澳大利亚埃迪卡拉山发现的八臂仙母虫化石在时代上大致相当。我国发现的八臂仙母虫为实体化石，而埃迪卡拉山发现的化石是遗迹化石。八臂仙母虫个体较大，体表有8条侧缘平滑、呈螺旋状

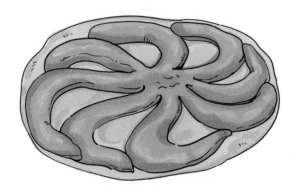

八臂仙母虫

向外的旋臂，这并非手臂，而是肌肉构造。在它身体外还有一层皮膜包裹着。它在海底缓慢移动，完全是靠这些肌肉收缩来进行的。它没有口，主要靠体外皮膜细胞来吸食大量的微生物和藻类。

（3）兰吉海鳃（sāi）

兰吉海鳃是最早被描述的埃迪卡拉纪生物。它具有一个粗的中轴，向顶部逐渐变细，呈锥状。此外，它还具有6个辐射状的叶片体，叶片上有分支，分支上又有次一级分支，现有标本可以观察到有三级分支。兰吉海鳃可能是直立于沉积物表面生活。在纳米比亚、澳大利亚和俄罗斯均发现了该生物的化石。

兰吉海鳃

（4）三臂盘虫

三臂盘虫分布很广，除南澳大利亚外，在俄罗斯和乌克兰也有发现。三臂盘虫的身体为圆盘状，从中央向边缘延伸有三条弯曲的臂，这些臂可能是中空的。三臂盘虫的分类位置可能与海星、海胆之类的棘皮动物有关，也可能是一种已经灭绝门类的代表。

三臂盘虫

（5）狄更逊水母

狄更逊水母是埃迪卡拉生物群中的明星生物。它的化石在南澳大利亚和俄罗斯等地均有发现。狄更逊水母的身体为椭圆形或长椭圆形，长度可达1.4米，厚度却只有几

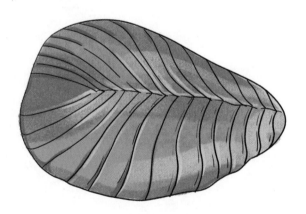

狄更逊水母

毫米，两侧对称，分节明显。狄更逊水母可能是通过表皮摄取营养物质。

（6）斯普里格虫

斯普里格虫也是埃迪卡拉纪的代表性生物，生活在大约5.5亿年前。它身体长3~5厘米，身体前端几个节融合在一起形成头，上面还可能有眼睛和触角。它身体两侧对称，底部覆盖着两排相互咬合的坚硬板片，而顶部覆盖着一排。它可能会捕食，但目前并没有发现它的口和消化器官，也没有发现爬行的痕迹。斯普里格虫被认为可能是三叶虫的祖先。

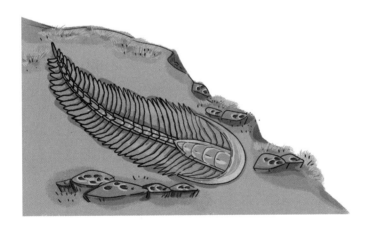

斯普里格虫

▶ 中国埃迪卡拉生物群的发现

自埃迪卡拉生物群在澳大利亚首先被发现以来，世界各地陆续发现了该生物群的属种。我国最初也发现了几种埃迪卡拉生物群的生物，但它们都不是该生物群中的典型生物类型。如1978年科学家在三峡地区考察时，曾发现一块化石。虽然这块化石上的生物具有埃迪卡拉生物群中的生物结构特征，但是很难将其归入已知的属种。随后通过研究，科学家将其命名为"灯影拟恰尼虫"。

到了2006年，科学家在贵州省东北部大约5.6亿年前的岩石中又发现了一种非常奇特的化石，通过研究后其被命名为"八臂仙母虫"。此外，科学家在澳大利亚的埃迪卡拉化石产地也发现了八臂仙母虫的化石。

2011年，中国科学院南京地质古生物研究所的专家在湖北省宜昌市雾河村发现了期待已久的埃迪卡拉生物群化石。这次的发现过程颇具传奇色彩。雾河村的农户家屋顶上普遍盖着埃迪卡拉纪的薄石板，这些薄石板引起了考察队员的注意。在征得农户的同意后，考察队员便上房"揭瓦"。没想到在一家农户的屋顶上，考察队员真的发现了大量的遗迹化石，这些化石上的纹路有的像树枝，有的像蚯蚓。在这之后，考察队员又接连发现和采集了数以百计的埃迪卡拉生物群化石。

在采集到的化石中，有典型的埃迪卡拉生物群化石。

更为特别的是，世界上其他地区发现的埃迪卡拉生物群化石都保存在砂岩中，很细碎，只有活动的痕迹，没有实体构造。而在中国首次发现的典型埃迪卡拉生物群化石则保存在石灰岩中，它们是实体化石。

中国埃迪卡拉生物群的发现不仅拓展了埃迪卡拉生物群的地理分布和地层分布，也使埃迪卡拉生物群的生存空间拓展到了整个海洋。

<<<<<

中国多细胞生物群的演化

>>>>>

地球上的生命诞生后，在最初的近30亿年的时间里，生命的形式一直十分简单，主要以单细胞的原核生物为主。在距今大约25亿年的时候，地球上的环境发生了很大变化。随着大气中氧气含量的显著增加，真核生物应运而生。到了新元古代，多细胞生物掀起了一次又一次的演化浪潮。20世纪50年代以来，发现于元古代晚期的一系列化石群，很好地见证了多细胞生物的发展。

我国新元古代地层分布广泛，保存有丰富的宏体化石。20世纪80年代以来，我国科学家先后发现了三个各具特色的真核生物化石库。第一个是以瓮安生物群为代表的微

体生物化石库，其主要分布在贵州省瓮安县、湖北省保康县、陕西省勉县和江西省上饶市；第二个是以庙河生物群为代表的宏体生物化石库，其主要分布在湖北省秭归县庙河村和贵州省江口县桃映镇；第三个则是位于安徽省休宁县蓝田镇的蓝田生物群。

▶ 瓮安生物群

贵州省瓮安县被称为"亚洲磷仓"，瓮安县60%的财政收入来自磷矿及其附属产业。从20世纪80年代起，随着当地磷矿的不断开采，矿山里发现各种奇怪化石的消息不胫而走。科学家纷纷来瓮安县科考，由此揭开了瓮安生物群的神秘面纱。

瓮安生物群是一个特异埋藏化石库，最早发现于1984年。经过许多专家多年的发掘和研究，结果显示瓮安生物群是一个以底栖多细胞藻类为主的化石生物群。

瓮安生物群最具特色的是保存有大量精美的动物胚胎化石。1998年，国际著名杂志《自然》和《科学》几乎同时报道了瓮安地区发现的具有三维细胞结构的藻类化石、动物胚胎化石和

小词典

特异埋藏化石库

在极少数沉积岩石中保存有异常精美的有机质化石和骨骼化石，其保存了一些通常情况下很难被保存下来的生物学特征，因此被称为特异埋藏化石库。德国索伦霍夫始祖鸟动物群、加拿大布尔吉斯页岩生物群和我国云南澄江动物群、辽西热河生物群、三旺生物群等都属于特异埋藏化石库。

具有组织结构的海绵动物化石。

瓮安生物群展示了早期多细胞生物的生命形态，为研究早期生命从简单到复杂的进化过程提供了重要的化石记录。

除贵州省瓮安县之外，湖北省保康县、陕西省勉县和江西省上饶市也发现有同样的化石生物群。它们的发现极大地拓展了瓮安生物群的分布范围。

20 世纪以来，瓮安生物群作为世界上极为罕见的早期生命"见证者"，经过科学家的不懈研究，涌现了一大批轰动世界的重要成果。

1998 年，中国科学院南京地质古生物研究所的陈均远研究员在瓮安生物群中发现了 5.8 亿年前的多细胞动物化石。

2005 年，中国科学院南京地质古生物研究所的袁训来等人在瓮安生物群中发现了古老的地衣化石，将地衣化石的发现时间推前了 2 亿年。

2007 年，中国科学院南京地质古生物研究所的尹磊明等人在瓮安生物群中发现了迄今为止最早的动物休眠卵化石，将动物起源时间推至 6.32 亿年前。

2015 年，科学家在瓮安生物群中发现了一块 6 亿年前的原始海绵动物化石——贵州始杯海绵，这是迄今为止全球发现的最古老的海绵动物化石。

2018 年，科学家在瓮安生物群中找到了距今 6.1 亿年的笼脊球化石，该化石记录了动物由单细胞向多细胞演化的关键一步，为揭开动物起源之谜提供了重要线索。

▶ 蓝田生物群

蓝田生物群位于安徽省南部的休宁县，是已知最古老的复杂宏体生物群。在 20 世纪 80 年代，中国地质学家就已经发现了该生物群，后通过研究，科学家确定该生物群出现的时间为 6.09 亿年前。

蓝田生物群包含有扇状、丛状生长的海藻，如安徽藻和黄山藻，也有具触手和类似肠道特征、形态与现代刺胞动物类似的后生动物。目前，该生物群至少能识别出 15 个不同形态类型的宏体生物，它们形态保存完整，绝大部分类型有固着装置。通过研究，科学家发现蓝田生物群是原地埋藏保存，蓝田生物群中的生物生活在 50~200 米深的静水水域。

▶ 庙河生物群

1978 年，宜昌地质矿产研究所和中国地质科学院地质研究所的专家在湖北省秭归县庙河地区考察时，首次在该地区发现了宏体藻类化石。1991 年，经过研究，科学家将该地区发现的化石组合命名为庙河生物群。

蓝田生物群生态复原图

　　从 20 世纪 90 年代初开始，经过大量发掘，科学家在该地区又发现了多种不同类型的化石。随着研究的深入，该生物群中发现的化石类型越来越丰富，有宏体碳质压膜化石，底栖固着的多细胞藻类化石，可疑的遗迹化石等。

　　除湖北省秭归县庙河地区之外，在贵州省江口县桃映镇也发现了类似的化石。通过研究，科学家发现该生物组合与庙河生物群相似，因此，它也被称为江口庙河生物群或庙河型生物群。

　　江口庙河生物群的发现，扩大了庙河生物群的产地，说明水体稍深的庙河生物群有一定的分布范围。庙河生物群与水体较浅的瓮安生物群和水体更深的蓝田生物群构成了我国南方埃迪卡拉纪早期 3 种不同的生物群景观。

科学课堂 瓮安生物群中胚胎化石的繁育者是谁?

科学家在研究蓝田生物群与瓮安生物群时,通过比较两个生物群的沉积环境和生物群面貌,最终在蓝田生物群中找到了瓮安生物群胚胎化石繁育者的信息。

科学家在瓮安生物群中发现了胚胎化石,这令科学界为之一振。但在后来的研究中,新的问题出现了——这些胚胎的繁育者是谁?科学家仔细研究后发现,在瓮安生物群几乎不可能找到胚胎的繁育者。

但科学家并没有放弃,他们推断或许在其他地区保留着这些繁育者的信息。经过研究,科学家发现蓝田生物群生活在水体较深的环境中,瓮安生物群生活在水体较浅的环境中,于是推测,也许当时的动物成体生活在水体较深的区域,就类似蓝田生物群的生存环境。

根据现代生物学知识,成虫大小至少是胚胎大小的 30 倍。所以科学家推测,这些胚胎的"父母"大小应该不小于 3 厘米。根据当时生物演化的总体水平,如果有动物,它们很可能是底栖固着的类型并长有触手用来取食。经过科学家的努力挖掘,一块上部长有触手、下面具有固着装置、长度约 3 厘米、形态类似现代珊瑚虫的化石被发掘出来。这块化石印证了科学家的推断,令当时挖掘的人们异常兴奋。科学家也最终在蓝田生物群中找到了这些胚胎化石繁育者的信息。

<<<<<

尾　语

>>>>>

　　20 世纪 50 年代，澳大利亚埃迪卡拉生物群的发现揭开了前寒武纪生物的神秘面纱。大半个世纪以来，科学家发现了越来越多的化石，已经勾勒出前寒武纪生命起源与演化的概貌。这段十分漫长的演化画卷，告诉我们在寒武纪生命大爆发之前，地球经历了怎样翻天覆地的变化，生物又经历了怎样漫长而曲折的演化过程。

　　在前寒武纪，地球从无氧环境变成有氧环境，岩石圈出现一块块漂移的板块，全球极端寒冷气候也时常出现。生物为此经受了巨大的环境选择压力，一次次走向灭亡，又一次次重获生机。从原核生物到真核生物，再到多细胞生物，这一步步奠定了显生宙生物大发展的基础。

后记

　　地球从诞生到现在已经有46亿岁了，科学家通过研究，将地球46亿年的"成长"分成了不同的时期，如前寒武纪、古生代、中生代、新生代等。在不同的时期，地球都上演了精彩纷呈的故事。而我们作为地球的一份子，理应去探索地球曾经发生的那些故事。

　　《46亿岁的地球·漫长的前寒武纪》一书讲述了前寒武纪（46亿～5.41亿年）地球的生命演化历史。书中一个个让人回味无穷、富有启发的生命故事，必将使青少年读者产生心灵上的震撼，领悟生命演化的真谛，升华对地球家园的情怀。

　　本书展示了许多著名科学家的风采，介绍了大量重要的科学假说。同时，书中还吸收了近年来涌现出的新成果，如吸纳了《动物起源和寒武纪大爆发（2021）》《震旦生

《陡山沱期生物群：早期动物辐射前夕的生命

前寒武纪：黎明前的漫漫长夜（2021）》《叠层石：

演化历史最长的微生物化石记录（2020）》《闪电雷

在地球生命起源中发挥的重要作用与陨石相当（2021）》

等论著中的最新研究成果，在此向这些论著的作者表示深深感谢。此外，书中也引用了一些经典的科学发现。因此，这本书相较于以往的类似科普读物有了更多的时代感和科学亮点。

《46 亿岁的地球·漫长的前寒武纪》是一本面向青少年的科普读物，图文并茂，生动有趣。本书结合青少年儿童的特点，参考了相关科学论著中的插图，如一些生物的复原图、地质历史时期气候演化示意图、板块运动示意图等，在此基础上，由专业的绘画师针对性地进行绘制。我们对涉及的这些插图的原著者表示深深感谢。

我希望青少年读者能够仔细品读这本书，去了解我们生活的地球曾经发生的波澜壮阔的故事。